U0378445

文化·建造·自然

——当代建筑理论课五题

王昕◎主编

清华大学出版社

北京

图书在版编目（CIP）数据

文化·建造·自然：当代建筑理论课五题 / 王昕主编. — 北京：清华大学出版社，2021.3
ISBN 978-7-302-57148-3

Ⅰ．①文… Ⅱ．①王… Ⅲ．①建筑理论 Ⅳ．①TU-0

中国版本图书馆CIP数据核字(2020)第260261号

责任编辑： 刘一琳　王　华
装帧设计： 陈国熙
责任校对： 刘玉霞
责任印制： 丛怀宇

出版发行： 清华大学出版社
　　　　　　网　　址： http://www.tup.com.cn，http://www.wqbook.com
　　　　　　地　　址： 北京清华大学学研大厦 A 座　　　　**邮　　编：** 100084
　　　　　　社 总 机： 010-62770175　　　　　　　　　　　**邮　　购：** 010-62786544
　　　　　　投稿与读者服务： 010-62776969，c-service@tup.tsinghua.edu.cn
　　　　　　质量反馈： 010-62772015，zhiliang@tup.tsinghua.edu.cn
印 装 者： 北京博海升彩色印刷有限公司
经　　销： 全国新华书店
开　　本： 185mm×260mm　　　**印　张：** 13.25　　　**字　数：** 306 千字
版　　次： 2021 年 3 月第 1 版　　　**印　次：** 2021 年 3 月第 1 次印刷
定　　价： 89.80 元

产品编号：087271-01

前言

没有哪个开设建筑学科的学校可以直接省掉建筑历史理论课而只上设计课，这种极端的情况很少出现。但在一些细节处会显示出历史理论类课程的副线特性，如历史理论课课时量分配、历史理论课课程作业设置的难易程度、历史理论课与设计课内容的关联方式以及学生对历史理论课的投入度等，实则反映出历史理论类课程在学科领域内受到的挑战，这种挑战与学科深层核心问题相关联，诸如理论和实践、设计图纸和实际建造、人文和技术、实证主义与美感品位等，其最终指向的是学科的核心价值和工作方法。事实上，这些问题在学科发展中曾出现并一直延续至今，"尽管维特鲁威已经定义建筑学是一门科学，这门艺术仍然缺乏固定不变的规则，甚至讨论这点都没有必要。能意识到对建筑本质的认识存在各种各样的想法就足够使我们相信'我们仍在黑暗中。'"①对学科核心价值和工作方法的不同理解使得在面对具体教学问题时，会出现不同的建设思路，在大致相似的教学大纲指引下，各个学校根据自己所处的地域、定位及教学目标等，做出不同思考、探索与阐释。因此，在本校当代建筑理论课程专题建设中，立足地域特点，从具体问题入手，希企能探讨更为深远的学科问题。

当代建筑理论专题是针对建筑学本科四年级学生的专业选修理论课程，32课时2学分，它建立在进行了基本专业设计训练和中、外建筑历史知识学习基础之上。这门课程既包括对前期设计训练和历史知识学习的总结、反思和理论辨析，更有对后续专业发展方向的认知、探索构建建筑理论框架以及对建筑现象价值判断等，是本科阶段培养学生专业理论素养的重要课程。具体而言，本课程的培养目标包括：①能拓展理论阅读，有看问题的"眼睛"，而不是囿于狭窄角度片面孤立地理解建筑；②能培养思辨性思维方式，理解事物表象之后的逻辑性和传承关系，从而能帮助学生建立专业的价值判断依据，能发展地看待各种建筑现象，也就是说能深入去探讨一些问题，尝试进行独立学术思考；③能尝试进行独立写作表达，通过写作，为自己梳理思路，训练基本学术表达习惯；④通过设置课后阅读作业及部分上课内容采用英语材料，培养学生双语阅读的习惯，为接触西方当代理论打下工具基础。

当代建筑理论专题这门课程的难点和有趣

---

① PEREZ-GOMEZ A. Architecture and The Crisis of Modern Science [M]. Cambridge：The MIT Press, 1983：253.

之处皆在于它的复杂性、丰富性以及开放性——教什么、如何教、为什么这么教等，并没有固定的成熟模式，需要教师自己在大纲指引下进行探索。具体而言，在实际教学过程中，遇到了3个问题：①如何组织课程内容。这个问题是最根本，却也是最难的问题。确立课程内容的内在组织逻辑是该门课程的基础——面对大量的设计作品，各种各样的建筑理论，如何选择对学科有影响力的关键性人物、重要事件并由此引发学生对学科本质的思考，是建立课程内容的基本立足点。②如何有效开展教学。大学四年级学生已经具备了基本的学科知识和技能，在教学上，相较于低年级学生，这有利有弊：一方面因为他们专业上相对更为成熟，因此能够用较为专业的语言去交流，授课内容能达到一定深度，从而教学相长，能有效探讨一些更为深层的东西，这也是这门课设置在高年级的主要原因；另一方面，以往形成的设计工具化思维方式或许已经深入他们的头脑，再想提供多样性思维可能就很难被接受，因此在教学方式上需要根据高年级的学生特点不断加以改进，使教学目标中的促发理论思辨思考方式能落到实处。③如何设置作业。作业实际上会成为一门课程的指挥棒，其具有引导学生的学习方式并暗示课程所关注重心的作用。如何根据本科生的现实情况（工具化思维严重以及人文素养偏弱），引导他们开启基本的学术思维，训练为将来的学习奠定基础，能够真实有效地促进学生进步，作业题目设置需要仔细斟酌，并且还须关注难易程度、工作量大小等因素。有效的作业设置应该是有一定难度，但又属于通过努力能够得着的程度，并且题目具有开放性，能容纳各种思考，但同时又有核心的价值内容。

由此，在本阶段当代建筑理论专题课程建设中，通过着力解决上述3个问题，逐步明晰对建筑学学科核心价值问题的思考。此次课程建设主要涉及3届（14～16级）学生的教学建设内容和成果，但实际在2012年（09级），课程就已经启动，试行一届后，停顿了3年左右，2017年（13级）重启，至今持续了4届（13～16级），在一共这5届（09级+13～16级）的教学过程中，根据实际情况，不断修改补充，取得了一些成果，下面对这一阶段的建设内容做简要介绍。

关联建筑学学科核心问题的探讨

建筑意义

建筑学科在当代遭受了挑战，主要来自技术领域，如数字技术、3D打印技术、智能建筑等，这些技术领域的革新，使得建筑本身需要更多专业合作，建筑学专业有变成配合专业甚至被取代的危险；更为主要的挑战则来自观念变化，建筑意义在技术的更迭中逐渐丧失，事实上，"建筑学如今经受的衰落，能够追溯到建筑发展的前现代时期……要理解建筑师至今仍面临的困境，就有必要分析17世纪和18世纪的建筑意图。伽利略的科学以及牛顿自然哲学改变了当时的世界观，也影响了那段时期的建筑意图。建筑学迷恋于数学的精确性，表现出多种多样的形式，比如：设计方法学、类型学、形式主义的语言规则，以及各种各样或明或暗的功能主义。这样的迷恋影响广泛，因此，进行分析变得尤为重要。当代建筑师进行设计实践时，仍然会受到那时的影响。但是，他们发现，很难协调作为艺术而不是科学的建筑与追求不变性的数学两者之间的关系"[①]。因此，作为建筑学专业的学生，只有基于完整的

① PEREZ-GOMEZ A. Architecture and The Crisis of Modern Science [M]. Cambridge: The MIT Press, 1983: 3.

知识体系，明白变化发生的历史脉络以及由此形成的对今日的影响，才能做出自己的判断。例如，对于建筑意义的创造，虽然建筑学的学科性，一方面受到科学观念影响，追求精确规则，但同时，建筑学是无法避开人类使用的学科，需要更为完整真实互相连接着的工作方式，建筑意义的产生不是来源于类型或形式语言，而是来源于人们真实的生活。对于技术更迭，要保持一种适当的警惕性，因为当一切都可以量化、标准化之后，危险也随之而至，仰赖于其他学科的学科标准和学科方法的后果是容易被取代，甚至消亡——建筑逐渐丧失了人与自然连接的中介物作用，建筑师日益变成了技术工具的一部分，个体的主动性以及对实际生活场景的感知逐渐从设计中消失，如果这是趋势，那么建筑师职业的消亡也许未必不可能。事实上，观念改变的作用要大于技术改变，这种改变在于我们对自身存在所依附的秩序建立的方式，"人们的存在需要依赖于某种秩序，即使使用所有技术，人类仍不得不面对个体存在意义模糊不清的问题"[1]，因此个体的渺小需要通过某种定位系统帮助其找到存在位置，而这种定位系统，就是秩序建立，"在一个多变和有限的世界中，创造秩序是人们进行思考开展行动的最终目标。"[2]这种秩序是人类社会不可见却非常重要的部分，构成个体与社会的关联方式，而秩序建立的不同方式能通过建筑外显出来，因而建筑会具有意义。

建筑历史理论与设计

一方面，对于建筑学专业本科学生来说，设计是最重要的主干课程，所有学习的专业知识内容最终也需要返回到设计中。但比较难解决的问题是，很多学生，或者很多建筑师也如此，把历史理论学习与设计变成一一对应的关系，这种一一对应很容易导致理论变成为实践的指导工具，而不是一种对设计的思考方式，不是一种对建筑现象的解释。事实上，在现在的学科环境下，理论已经变异为工具，并且理论和设计实践是断裂的，断裂的原因也许正是因为建筑和真实的人的世界分离而变成了一种风格或形式语言，建筑从生活世界中被连根拔除——无关于任何文化或自然含义——"这相应引领了包豪斯的几何学，国际风格和现代运动，这些内容在本质上是技术世界观相同的产品，只与技术过程交流，而不是与人的世界交流。"[3]但曾有人如查尔斯-弗朗索瓦·维尔（Charles-Francois Viel，1745—1819）认为理论和实践之间存在连续性，"承认两个独立的话语世界之间的模糊性，最终将在非常清晰的存在处取得连接"。[4]这个"非常清晰的存在处取得连接"，也许就是我们可以探索的学科方法——以一种现象学的方式综合——因为它承认思想和行动、头脑和身体、才智和意图之间必要的模糊性——去连接理论和实践……这些观点，在理论学习的过程中，可以展示给学生看，让他们明白现在所学设计方法的来龙去脉，以及在现实条件下实施时，其合理性与缺失之处，并看到更多可能性，学会反思与改进——这于整个学科而言，也许是关键性的——历史理论课培养的是思维方式，而不是具体的工具方法。

另一方面，既然不是一个一一对应的工具化知识，那么理论到底是什么？它是否代表着复

---

① PEREZ-GOMEZ A. Architecture and The Crisis of Modern Science [M]. Cambridge: The MIT Press, 1983: 312.
② PEREZ-GOMEZ A. Architecture and The Crisis of Modern Science [M]. Cambridge: The MIT Press, 1983: 3.
③ PEREZ-GOMEZ A. Architecture and The Crisis of Modern Science [M]. Cambridge: The MIT Press, 1983: 311.
④ PEREZ-GOMEZ A. Architecture and The Crisis of Modern Science [M]. Cambridge: The MIT Press, 1983: 316.

杂冷僻的概念和远离实践的文字游戏？从教学实践来看，带着问题进行设计探索是非常关键的起点，而无法发现问题，或者无法意识到问题，除了生活经验的不充分之外，对于本科学生而言，最主要的却是因为完全没有学识修养去感受到问题。任何外界的景象都是观看者主观情感的感性反映，所以能有高度教养去感受到外部世界，恰恰是理论的意义。在这个意义上，一切皆设计，古、今、中、外，建筑、环境以及一切细节均可打通，这是主动有意识的结果。从这个层面来说，设计与历史理论之间的鸿沟本身就是一个伪命题，它们是一体的。

关于品位

现在的建筑教育因为前述的核心观念并不清晰，导致在教学过程中容易产生一些冲突之处，比较明显的就是技能学习与品位培养的矛盾。在当代的建筑教育中，人们会更倾向于相信能经过实证的东西，或者说经过提炼的数据说明的现象，这些东西能够让人觉得更为安心，仿佛这才是真正真实的东西。但其实，受到诟病的形式主义，却正是因为积极运用实证主义于建筑学的结果，即把实践简化到一个理性理论，在这种培养方式下，丧失的主要东西是品味——"在18世纪，学院提供数学科目讲座，但是建筑师还是基本上以学徒式教育的方式被培养为建设者，这样的培养目标是为了教育年轻的建筑师他们的工作怎么体现品味，也就是说，一种充满意义的秩序，而不是怎样实现形式逻辑规则。"①而究竟什么是品味？简单而言，"理性

依赖的是认识性和概念性的运作，而品味则利用直观的和模仿型的想象"②品味与美学、美感等概念相关，而美学所涉及的内容相当复杂，在某种程度上，美感也许可以成为连接概念性设计（重视抽象形式、无质感材料）和模仿性设计（重视建造系统、材料特征）的有效手段，也即建立抽象与现象之间的连接。建筑学作为同时为人类提供身体遮蔽所及其社会属性归属的学科，需要保持对人类体验的敏感性，需要关注人的社会性，在科学理性和人文之间找到一个连接处，从而在现实世界中体会到隐含的秩序与意义，完成学科使命。这个科学与人文的连接处，就是具有人文精神的专业建筑师个体的创造表达——这关乎品位的培养，也是建筑学教育中需要特别关注的部分。

图纸／图像与实际建造

在各种数字技术发展的当代，人们似乎更为依赖图像了，但我们在理论教学中，需要注意这个倾向，并提醒学生们注意到历史上就已经存在的图像与实际建造的关系的争论。作为建筑师或设计者，真实建造是否必须？有人认为必不可少，如弗朗索瓦·杜兰德（Francois Derand）认为"仅仅阅读是不够的"③，而吉拉德·笛沙格（Girard Desargues，1593—1662）则认为"为了发明任何艺术规则，一个人应当知道它的'理由'，但并不总是必须要成为一个工匠"④。事实上，对于设计师而言，弱化实践地位，会并且已经造成建造与设计分裂，"这种分裂并不能被美丽的渲染图所修复"①，也即布扎（Beaux-

① PEREZ-GOMEZ A. Architecture and The Crisis of Modern Science [M]. Cambridge：The MIT Press, 1983：197.
② 李士桥. 现代思想中的建筑[M]. 北京：中国水利水电出版社，2009：XI.
③ PEREZ-GOMEZ A. Architecture and The Crisis of Modern Science [M]. Cambridge：The MIT Press, 1983：228.
④ PEREZ-GOMEZ A. Architecture and The Crisis of Modern Science [M]. Cambridge：The MIT Press, 1983：229.

Arts）的局限性根源。设计师与工匠之间，图纸和建造之间，需要真实连接，这也成为一部分建筑师的自觉选择，其连接方式就在于对材料、结构、构造体系的地域及文化特征重新予以关注，并重视实际建造过程。虽然我们确实没有办法在一门课程中解决所有问题，但至少，我们可以关注和意识到这个问题，从而在实际工作中去改变现状，并能真正创造建筑。

课程内容设置探索

根据上述思考，在当代建筑理论专题课程中，内容设置分为两部分：上篇以理论梳理为主，下篇则建立若干主题进行探讨，如形式、建造、城市、自然以及观念等。由于课时有限，这两部分内容设置以及关键词、涉及人物与事件选择是重点考量的因素，必须选择具有代表性的人物和事件，来引领理论专题。另外，在内容设置上，一方面，需要建立起主干体系；另一方面，还需要具有生长性，能够包容内容更新与扩充。国内院校相关课程并没有固定安排，现有可用

作课程参考的主要书籍如：①王贵祥译，[英]戴维·史密斯·卡彭著，《建筑理论（上）维特鲁威的谬误》与《建筑理论（下）勒·柯布西耶的遗产》（中国建筑工业出版社，2006）。这套书提到了6个范畴：形式、功能、意义、结构、文脉、意志。上册以更为抽象的范畴阐释为主，提到了不同时期对相应主题内容的理解，下册则把6个范畴具体化，提到形式与形式主义、功能与功能主义、意义与历史主义、结构与结构主义、文脉与文脉主义、意志与现代主义。本书的好处是具有较为全面的论述，缺点是要考虑在课时有限的情况下如何针对本科生阐释较为抽象的主义。②王贵祥译，[德]汉诺-沃尔特·克鲁夫特著，《建筑理论史——从维特鲁威到现在》（中国建筑工业出版社，2005）。这本书从理论角度提供了更为全面的叙述，从维特鲁威到中世纪到现代，从建筑到城市到园林，并包括若干个体。实际上更偏向1945年之前。③各类英文原版建筑杂志与书籍等，较为零散。基于此，本课程的授课内容干线安排如表1所示。

表1 本课程授课内容干线安排

上篇	理论概述篇（9课时/3次课）	前言： 现代建筑学危机：建筑的秩序与意义 时间线：古代、中世纪、文艺复兴及现代 主题线：城市、园林、建筑等 地区线：意大利、法国、德语区国家、美国等
下篇	专题篇（15课时/5次课）	主题1：建筑学语境下的形式 主题2：建筑学语境下的建造 主题3：建筑学语境下的城市 主题4：建筑学语境下的自然 主题5：文化观念与建筑 结语：建筑学危机与重构
课程交流	分专题进行典型作业案例成果交流讨论及评论（8课时/4次课）	

---

① PEREZ-GOMEZ A. Architecture and The Crisis of Modern Science [M]. Cambridge：The MIT Press，1983：324.

教学方式探索

2020年的疫情加快了原来在缓慢进行的线上教育方式，线上与线下配合：一方面，通过网站建设，并陆续增加课后阅读的推荐书目，课堂本身的教学资料也可以在线上反复利用，学生通过网站平台，提出问题并在线讨论，极大增加了学习的便利性；另一方面，更为主要的是，在该门课程的建设中，在重启后的第一年（2017年）就已经开始尝试请外校教师进行根据课程主干线设置的专题节点讲座，这能使学生获得更广的视野和更多的信息量，而在线平台的建立，可以让距离变得没有障碍，因此课程形成了"校内主讲教师主持+校外专家专题讲座+学生专题交流讨论"的线上及线下组合模式。教学以一种复合的方式进行，让学生和教师有更多受益。

作业题目设置探索

作业设置一直是课程建设达到最终目标的关键性因素，因为作业题目设置可以直接给予学生思考问题的角度，使所有的讲课内容在作业环节得到落实。纵观这几年的教学，本科学生完成论文性质的作业时，常见的问题大致包括：①没有具体问题提出作为研究切入点。这常常表现为研究内容都特别宏大，基本上无法在短短的本科课程作业中完成，或者是用一种特别完整的方式平铺直叙所有相关内容，没有体现关注的重点。这可能说明学生们读书太少，也可能因为学生的生活体验并不够，对事物缺乏敏锐的感受力，因此也提不出问题。解决办法是提供阅读书目，并且通过案例分析引导思考的角度和方式。②分析过程容易变成具体设计手法分析。学生学习建筑理论课程时反映出工具化思维方式明显，这是长期以来形成的思维方式，很难一下纠正，大体也许

也只有通过阅读和案例分析讲解，让学生体会到理论思维的方式和意义。③容易抄袭。这个需要明确提醒并且培养基本学术习惯。有一些抄袭行为发生，是因为学生不太明确学术规范，无意识而为之，这种情况需要引导，明晰何为引用以及如何引用等，而对于明知是抄袭行为依然如此，则需要用严厉的规则手段进行控制。查重可以作为一种手段，但最根本的方式是通过严格过程控制，从题目选择、提纲到中期及最后成果，所有的过程是完整的，并且是逐步推进的，从而避免在最后直接提交一个抄袭完成的成果。当然还有别的方式可以尝试，例如传统闭卷考试、面试答题等，无论哪种方式，其最终目的是实现教学目标，都需要在实践中不断补充修改而达到最好的效果，最关键之处在于教师对作业要求越具体细致，成效越好。

本次教学建设包括的这5届作业（包含了建设之前刚开始启动课程的那一届）设置经历了一个变化和探索过程：①启动：2012年（09级）——选择与课程主题单元内容相关的建筑师及作品、建筑事件进行深入探讨分析，从理论上反思设计方式以及由此产生的影响等，需要做实体模型。这次作业下来，遇到的问题是学生很容易就陷入了具体设计手法的分析，而混淆了对建筑作品的理解和解读阐释，好的地方是因为要做具体模型，需要把建筑搭建起来，建筑的生成过程比较重要，图像与建造以及其他相关信息在此过程中得到统一。②进展：2017年、2018年（13级、14级）——不限定主题范围，不一定是具体建筑，而纳入了自然、城市、文化观念等主题，拓展了对理论关注的范围，实体模型这部分不再做要求（但从后面实施效果来看，这部分应该保留，因为恰恰是生成过程，让学生们有话说，能成为研究有效的推进器，这是后话）。③不同方向尝试：2019年（15级）——就一个建筑空间部

位如屋顶、墙面、地面，进行建筑历史与理论相关内容探讨，可选择不同关键词进行——更为强调历史与理论的相互依生关系，历史脉络与理论阐释相互关联，并且落实到具体的建筑部位，去理解物理层面的建筑与文化意义上的建筑的统一性，尝试帮学生找到研究切入点，打通历史理论与设计。但尝试不算成功，因为学生们很容易从表面去讨论，但也有个别同学体会到了作业设置的内涵而能做出较为深入的探讨，由此发现对作业目的的解释以及样本示例是需要补充的工作。④回归及深入：2020年（16级）——选择与主题相关的研究内容展开讨论，包括实际建造也包括文化观念等内容。提交的作业中，可以看到同学们开始尝试着进行超越现象本身的内在因素解读分析，当然纯手法分析仍然不少。

计划把这一阶段的作业整理成册，作为教学建设阶段性成果的积累，虽然仍有很多不足，但在不断实践的尝试中探索和总结，并根据实际情况调整细节，是教学工作推进的有益途径。具体就作业设置来说，有几点经验总结：①需要做实体模型（非电子模型）。在模型生成过程中，去理解建筑或建成环境所包含的要素和意义，比例大小可以根据实际情况调整。②需要明晰作业设置的目的。最好能提供作业样本，来引导学生完成学习任务的思路和方式，这也是编撰本书的意义之一。③提供具体而详细的参考书目。有效帮助学生实现精读以及由此推展开的泛读。④过程控制。从选题、中期成果、定稿直至最后成果，分步骤提出节点内容，教师能看到整个推进过程，能有效提高作业质量。⑤可以尝试复合考查方式。比较后选择更为合适的学习研究推进器和发生器。⑥注重积累。教学成果的仪式感也是美感和品味塑造的一部分。

教学是一个持续投入、不断补充更改的过程，而多读书、多讨论，具备更为完整的知识视角，尝试独立写作，无论从任何角度，无论对教师还是学生，都是有益的事情。在教学进行过程中，不断积累，不断思考改进，并引导学生积极思考探索，这就是教育的意义吧。

[本书为浙江工业大学校级教学改革项目（JG201814）资助。]

王昕

2020年8月于杭州

目录

主题1：建筑学语境下的形式   1

路易·康建筑中的纪念性内涵／庄家瑶　姜尧   3

解读瓦勒里欧·奥加提建筑创作中的文脉认知／吴娱　潘安琪   15

主题2：建筑学语境下的建造   29

基于互动技术的动态建筑空间探索／陈钰凡　何荷   31

墙体的回应——基于互动技术下的洞口变化研究／周从越　丁褚桦   43

浅析语言学视角下屏风的渗透性／夏小燕   57

建筑基面与其形成的场所／邵嘉妍　厉佳倪　杨淑钏   67

主题3：建筑学语境下的城市   91

城市张力：极公与极私空间关系变迁之远窥／张汉枫　王洲   93

浅析雷姆·库哈斯作品中的社会民主主义思想／李响元　王琪泓   111

主题4：建筑学语境下的自然   123

桂离宫——从自身逻辑与现代主义两条线索出发的解读／吴正浩　金逸超   125

游线与边界融合视角下的游园观演变浅析——以留园和方塔园为例／程嘉敬　步梦云   139

即物·即境——关于废墟的一点探讨／林昊　朱晨涛　沈逸青   153

主题5：文化观念与建筑   165

浅谈SANAA作品中的西方至上主义与东方禅意／傅铮　章雪璐   167

从叙事学角度解读中国佛教建筑空间氛围营造中的传统文化基因／雷雨舟　张可以   183

后记   197

主题1：
建筑学语境下的形式

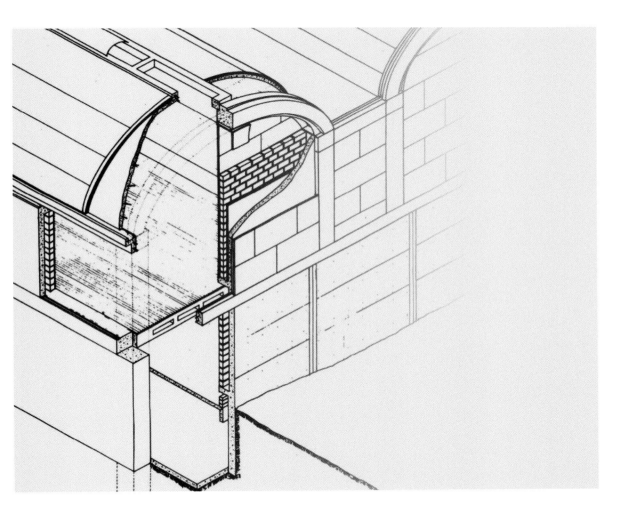

◎ 路易·康建筑中的纪念性内涵／3

◎ 解读瓦勒里欧·奥加提建筑创作中的文脉认知／15

路易·康①建筑中的纪念性②内涵

Monumental Connotation in Louis Kahn's Architecture

庄家瑶 姜尧 / 文

摘要

　　路易·康（Louis Kahn）活跃于现代主义建筑盛行的时代，但他并未盲从于现代主义，而是对时代问题有着自己的思考。在他的建筑作品中，纪念性的特征十分显著，其设计手法在当今建筑界也仍有用武之地。本文以路易·康的3个建筑作品 [特灵顿浴室（Trenton Bath House）、金贝尔美术馆（Kimbell Art Museum）、孟加拉国达卡议会中心（Jatiya Sangsad Bhaban）] 为研究对象，在分析了康本人所理解的纪念性问题的基础上，通过对比等方式概括出康赋予建筑纪念性特征的两大设计手法——秩序与建构，以期对现代建筑设计有所启示。

关键词

路易·康；建筑作品；纪念性；设计手法；秩序；建构

---

① 关于 Louis Kahn 的中译名，国内并未统一。本文采用路易·康这一译名。
② "建筑中的纪念性"一般是指建筑物所拥有的除功能以外的精神特质，与作为实体存在的"纪念性建筑"相区别。不同的建筑师对纪念性问题有不同的理解，本文将以康的文字及设计作品为例具体说明康建筑中纪念性特征的来源及一般手法。

1 选题缘起及一些说明

现代建筑永远包含着为什么，为什么要这样做？它不允许存在一个至高无上的原则，它只是重新思考每一个传统观点，系统地发展和审核新的前提。一种摆脱对清规戒律盲目崇拜的意志是现代建筑的主要动力。——布鲁诺·塞维[1]

时代背景不同，中西方建筑学发展过程中遇到的问题也不相同。当西方世界在工业化大生产的背景下极力推动现代主义建筑之时，中国正在抗战图存的夹缝中找寻民族建筑的价值；当西方世界涌起后现代主义、新理性主义、新地域主义等建筑思潮之时，中国正在努力解决新功能、新材料、新技术的出现与传统建筑形式之间的矛盾。用现在的眼光去苛责中国建筑的发展落后于西方自然不公允，但到了改革开放大开国门之际，西方世界累积了几十年的建筑思潮一下子涌入中国，使人感到手足无措也是事实。在面对西方多种建筑观念难以抉择的困境之下，我国在30多年间完成了大规模的城市建设运动，质量自然是参差不齐，直到现在，仍有多种建筑思潮并行于当今中国建筑界，中国也一度被认为是全世界建筑师最好的"实验场"……如何在这样一个纷繁复杂的时代中找到自己的定位，以及如何面对时代问题给出自己的应答是我们希望借助本次研究加深思考的问题。

路易·康活跃于现代主义建筑盛行的时代，但他并未盲从于现代主义，他从现代主义中吸取了对于建筑的理性思考，并且对于时代问题有着自己独特的判断。在康的建筑作品中，纪念性的特征尤为显著，他关注人的精神感受，追求建筑的美感与艺术……这种设计思想在建设量已日趋饱和、建筑品质却亟待提升的中国仍然大有用武之地。当然，对于康的设计手法，我们不该盲从，而应追根溯源，探求其形式背后的逻辑，知其然亦知其所以然。

本文选取了康的3个主要建筑作品为研究对象，以这些作品为轴穿插对西方传统纪念性建筑的解读与对比（万神庙、圆厅别墅等），在此基础上探讨康建筑作品中纪念性特征的来源并概括其特定的设计手法。

2 路易·康所处的时代背景与纪念性问题

"二战"过后，美国的经济实力迅速增长，为当时的建筑发展提供了良好的社会环境。现代主义建筑作为这一时期主流的思潮，得到了极大的推广。然而随着时间的推移，现代主义建筑的诸多弊端也随之显现，如过分强调功能主义，忽视了作为个体的人的行为方式及需求；过分追求简单的几何造型，忽视了地域与传统文化的特征，导致城市形象的千篇一律……

现代主义建筑的种种弊端，使其很难满足不同文化、不同使用者多样化的物质及情感需求，这也引起了许多建筑师对现代主义的反思。例如，西格弗里德·吉迪恩（Sigfried Giedion）、弗尔南多·莱热（Fernand Leger）、约瑟·路易斯·塞尔特（Jose Luis Sert）三人在1943年共同发表的名为《纪念性九要点》（Nine Points on Monumentality）[2]的文章中提到："纪念物是人类最高文化需求的表现；战后许多国家出现的经济结构的变化，将给他们同时带来城市社团生活的组织化；人民要求有能够代表他

---

[1] 汤凤龙. "间隔"的秩序与"事物的区分"——路易斯·I·康 [M]. 北京：中国建筑工业出版社，2012：190.

[2] GIEDION S. Architecture, You and Me: The Diary of a Development [M]. Cambridge: Harvard University Press, 1958：48-51.

们的社会和社团生活的建筑，而不仅是提供功能上的满足"①。国际现代建筑协会（Congrès International d'Architecture Modern, CIAM）1947年召开的第六次大会中也超越了自己原来对于"功能城市"的片面理解，申明了"要为人创造既能满足情感需要，又能满足物质需要的具体环境"的目标，并在之后的几届大会中均以此为基调进行了讨论……②

路易·康也是建筑纪念性问题的关注者之一。康早期的工作以设计现代式的居住建筑为主，但他逐渐认识到功能主义在建筑艺术表达上的缺陷，因此，在战争结束后，他开始更多地关注一些公共建筑，并思考改变现代建筑方向的可能性。③

康对于纪念性问题的理解可以参考他于1944年发表的一篇题为《纪念性》（Monumentality）的文章，他认为："建筑中的纪念性可以被定义为一种建筑固有的精神特质，它传达了一种永恒的感受；过去的纪念性建筑中所具有的伟大特征是我们未来的建筑必须倚赖的；早期建筑中拱顶、穹顶、扶壁等结构的应用带来了更高的高度和更广的跨度，创造了无与伦比的精神空间；这些基本形式和结构概念会在未来继续出现，并且借助现代的技术和工程能使它们发挥更大的作用……"④ 简而言之，康既关注历史，又关注结构。他认为通过历史，可以找到建筑**纪念性**特征的来源；而通过运用新材料和新技术，可以更好地发挥这种精神特质并赋予建筑**现代性**。

3 路易·康建筑作品中的纪念性特征及设计手法

依我的看法，一座伟大的建筑必须从不可度量的起点开始，在设计时必须透过可度量的方法，而最后必定成为不可度量的。——路易·康⑤

对于康来说，建筑"不可度量的起点"源自于建筑的固有属性，他认为每一栋建筑都具有自己的特点，而设计的目标就是去挖掘这些特点。这不仅要求建筑师考虑建筑本身的功能问题，还包括去创造人在建筑中独有的精神体验。至于设计过程中"可度量的方法"，我们认为主要有**秩序**（关于形式、功能与空间等）与**建构**（关于结构、材料与建造方式）两个方面（下文将结合康的作品详细叙述），而最终达成的"不可度量的结果"，即我们所理解的纪念性问题。

3.1 特灵顿浴室

如果说我在设计了理查德大楼之后，全世界都认识了我，那么在我设计了特灵顿的那间小公共浴室之后，我认识了我自己。——路易·康⑥

康于1955年开始设计特灵顿浴室，并在同年的一本名为《分隔成的空间》（Compartmented Space）的笔记中题为《帕拉迪奥平面》的一章写下了这样一段话："我发现了别人也许已经发现的东西，那就是一个开间的系统是一个房间的系统。一个房间就是一个明确的空间——通过它的建造方式来确定……对我来说这是一个很

① 弗兰姆普敦. 现代建筑：一部批判的历史 [M]. 张钦楠，等译. 北京：三联书店，2004：247.
② 罗小未. 外国近现代建筑史 [M]. 2版. 北京：中国建筑工业出版社，2004：238-239.
③ 布朗宁，德·龙. 路易斯·I. 康：在建筑的王国中 [M]. 马琴，译. 北京：中国建筑工业出版社，2004：42.
④ TWOMBLY R. Louis Kahn: Essential Texts [M]. New York：W.W. Norton & Co.，2003：7-8.
⑤ 罗贝尔. 静谧与光明：路易·康的建筑精神 [M]. 成寒，译. 北京：清华大学出版社，2010：54.
⑥ 布朗宁，德·龙. 路易斯·I. 康：在建筑的王国中 [M]. 马琴，译. 北京：中国建筑工业出版社，2004：66.

好的发现。"事实上，受到鲁道夫·维特科夫尔《人文主义时代的建筑原理》(Architecture Principles in the Age of Humanism)一书对于帕拉迪奥别墅图解的启示，康早在1954年绘制阿德勒住宅(Adler House)的草图时就曾采用过这种平衡、对称的帕拉迪奥式平面——后来被运用到了特灵顿浴室的设计之中。[①]特灵顿浴室(图1)因此与帕拉迪奥设计的许多别墅建筑有相通之处，而作为帕拉迪奥作品中"基本几何骨架最完美的体现"[②]的圆厅别墅(图2)则更是如此。

3.1.1 秩序

虽然看上去圆厅别墅与特灵顿浴室都采用了较强的几何控制与集中式构图，两者之间还是存在着不少差别。从网格划分与建筑生成的角度上来讲，圆厅别墅可以理解为先划定一个正方形平面，将每边以1∶2∶1的比例等分，连接后获得

中厅平面；随后每边向外侧延伸，得到4边的门廊；最后再做进一步的划分，以获得内部的分隔墙面(图3)。这种由中心向外延展的秩序获得了集中式的平面布局，建筑中对门廊、穹顶等要素的处理更强化了这种集中向心的秩序。

对于特灵顿浴室来说，则是先确定均质的网格划分，以此获得各个小单元，4个小单元围合形成大单元，最后由4个大单元围合中央虚体形成整体、集中的建筑秩序——可以理解为由外部向中心渗透的布局(图4)。在建筑处理上，4个大单元的集中式屋顶以及院子中的圆形构筑更强化了这种向心性。

这种由不同网格划分所形成的秩序，也恰恰影响了两者的内部功能：在圆厅别墅中，功能形成3个层级：中厅等级最高；外侧为其他使用功能，等级次之；最外侧为门廊，等级最低。如果再进一步，我们可以看到圆厅别墅中厅部分通过4部楼梯完成的从方形到圆形平面的转变，其功

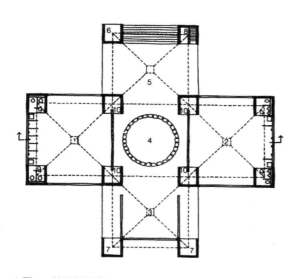

▲图1　特灵顿浴室平面图
来源：弗兰姆普敦.建构文化研究——论19世纪和20世纪建筑中的建造诗学 [M].王骏阳，译.北京：中国建筑工业出版社，2007：237.

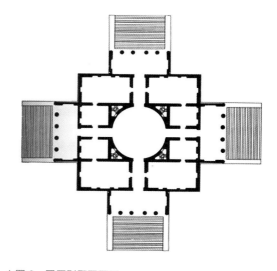

▲图2　圆厅别墅平面图
来源：罗小未.外国近现代建筑史 [M].2版.北京：中国建筑工业出版社，2004：166.

---

① 布朗宁，德·龙.路易斯·I.康：在建筑的王国中 [M].马琴，译.北京：中国建筑工业出版社，2004：66-70.
② 维特科尔.人文主义时代的建筑原理 [M].6版.刘东洋，译.北京：中国建筑工业出版社，2016：68.

能也随之分化为4角的楼梯（辅助功能）与内部的集会大厅（使用功能），用康的话说，即"服务空间"与"被服务空间"。

在特灵顿浴室中，这种服务空间与被服务空间的分化尤为清晰。小单元对应卫生间、过道、储藏室等服务功能，大单元对应门厅、淋浴房等被服务功能，恰如圆厅别墅中厅部分楼梯与大厅之间的关系（两者对比详见图5）。

由此我们似乎可以尝试从平面角度推断特灵顿浴室的生成过程（图6）：将圆厅别墅的中厅部分转译为特灵顿浴室的功能单元，将这一功能单元重复并形成整个建筑物。

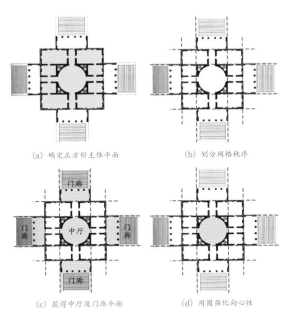

(a) 确定正方形主体平面　　　(b) 划分网格秩序

(c) 获得中厅及门廊平面　　　(d) 用圆强化向心性

▲图3　圆厅别墅生成推演图
来源：作者自绘，底图—罗小未.外国近现代建筑史 [M].2版.北京：中国建筑工业出版社，2004：166.

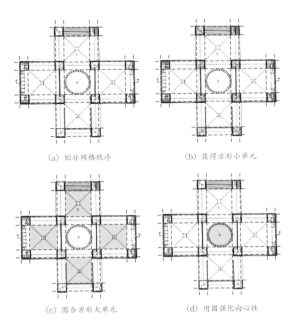

(a) 划分网格秩序　　　　　　(b) 获得方形小单元

(c) 围合方形大单元　　　　　(d) 用圆强化向心性

▲图4　特灵顿浴室生成推演图
来源：作者自绘，底图—弗兰姆普敦.建构文化研究——论19世纪和20世纪建筑中的建造诗学 [M].王骏阳，译.北京：中国建筑工业出版社，2007：237.

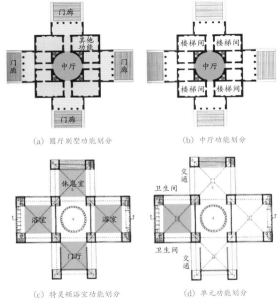

(a) 圆厅别墅功能划分　　　　(b) 中厅功能划分

(c) 特灵顿浴室功能划分　　　(d) 单元功能划分

▲图5　圆厅别墅及特灵顿浴室功能对比图
来源：作者自绘，底图—弗兰姆普敦.建构文化研究——论19世纪和20世纪建筑中的建造诗学 [M].王骏阳，译.北京：中国建筑工业出版社，2007：237.罗小未.外国近现代建筑史 [M].2版.北京：中国建筑工业出版社，2004：166.

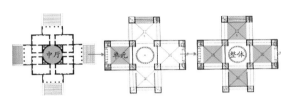

▲图6　圆厅别墅到特灵顿浴室的生成推演图
来源：作者自绘，底图—弗兰姆普敦.建构文化研究——论19世纪和20世纪建筑中的建造诗学 [M].王骏阳，译.北京：中国建筑工业出版社，2007：237.罗小未.外国近现代建筑史 [M].2版.北京：中国建筑工业出版社，2004：166.

3.1.2 建构

"哥特时期的建筑师用坚固的石头建造，今天我们用空心石头建造。用结构构件限定空间，这一点与构件本身同等重要。"[①]特灵顿浴室极好地体现了康对于空心柱的运用。

从特灵顿浴室的轴测图（图7）中我们可以看到，其结构由四角的四根"空心柱"组成，由于仅须承担屋顶的重量，四边的墙体只起围护作用。结合上文对秩序、功能问题的探讨，我们认为在特灵顿浴室中形式、功能、结构、空间是一体化的——由空心柱构成的结构单元，空间小而封闭，功能上被视为通向淋浴区的过渡区域，作为服务空间存在，各个方面都与由空心柱围合而成的被服务空间相区别。

而前文所述的圆厅别墅中俨然已有这一"空心柱"概念的雏形：圆厅别墅中厅部分的墙体围合楼梯形成服务空间并成为独立的结构单元，对于这个小单元空间而言，形式、功能、结构、空间正是一体化的。

此外，屋顶的建构也都是这两个建筑的重要组成部分。圆厅别墅中半球形穹顶（图8、图9）的运用，使空间获得了集中向上的秩序感，让人联想起集中式的教堂。特灵顿浴室虽然简化了屋顶的形制，但其金字塔般的形式（图10、图11）仍然给人以向上的秩序与仪式感；其屋顶的开孔也像圆厅别墅那样将光引入室内，获得一种独特的神秘感。

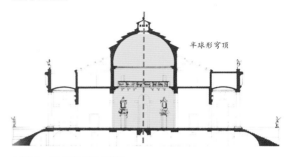

▲图8　圆厅别墅剖面图
来源：作者自绘. 底图—罗小未. 外国近现代建筑史[M]. 2版. 北京：中国建筑工业出版社，2004：166.

▲图9　圆厅别墅中厅仰视图
来源：有袜穿的农夫. 淫靡天堂——圣殿之旅(1)：希腊篇[EB/OL].(2010-12-23)[2020-09-01].http://blog.sina.com.cn/s/blog_59c82f470100nyia.html

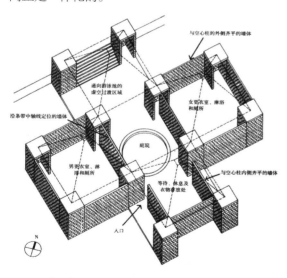

▲图7　特灵顿浴室轴测图
来源：汤凤龙."间隔"的秩序与"事物的区分"——路易斯·I. 康[M]. 北京：中国建筑工业出版社，2012：65.

▲图10　特灵顿浴室屋顶外观及内部仰视图
来源：汤凤龙."间隔"的秩序与"事物的区分"——路易斯·I. 康[M]. 北京：中国建筑工业出版社，2012：68, 79.

① 弗兰姆普敦. 建构文化研究——论19世纪和20世纪建筑中的建造诗学[M]. 王骏阳，译. 北京：中国建筑工业出版社，2007：219.

▲图11　特灵顿浴室屋顶外观及内部仰视图
来源：作者自绘，底图—弗兰姆普敦．建构文化研究——论19世纪和20世纪建筑中的建造诗学 [M]．王骏阳，译．北京：中国建筑工业出版社，2007：237．

3.1.3　小结

圆厅别墅中纪念性的来源可分为两部分：一是外部穹顶及山花式的门廊，给人以古典建筑的联想，是一种符号化的纪念性；二是内部的中厅，通过秩序与建构达成的体验上的纪念性——通过秩序控制分离得到单一的中厅空间，通过穹顶的建造与光线的引入获得向上的秩序与空间的神秘感。

特灵顿浴室中纪念性的来源与之相似：通过秩序控制分离服务与被服务空间，被服务空间成为单一功能空间；通过建构，将结构与功能、形式相统一，最后通过屋顶的建造与顶部光的引入，赋予空间秩序与神圣感。

在对特灵顿浴室的分析中，我们可以看到，对于圆厅别墅，康并非是纯形式上的模仿，而是批判地继承——从传统建筑中提取有利要素并加以转化，使之适应现代的建筑环境。对比来看，在秩序的控制上，特灵顿浴室从圆厅别墅中继承了网格划分与集中向心式的布局，并将其功能关系转化为现代问题；在建构问题上，特灵顿浴室继承了圆厅别墅中厅部分的结构关系并将承重墙改进为空心柱，去除了装饰繁复的穹顶而采用简朴的木构屋顶，使之更适应现代化的建造。

3.2　金贝尔美术馆

金贝尔美术馆的设计始于1966年，建成于1972年，是康最负盛名的建筑作品之一[1]。与前文所述的特灵顿浴室相比，金贝尔美术馆（图12、图13）的体量更大、功能更复杂，在这个建筑中，康同样通过对于秩序及建构的控制达到了纪念性的效果。

3.2.1　秩序

在金贝尔美术馆中，建筑秩序体现为正交的网格系统。这种网格将建筑平面划分为"6+4+6"的"基本单元"，基本单元之间则通过水平及竖向的"间隔条带"连接（图14）[2]。

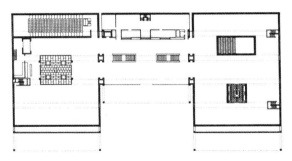

▲图12　金贝尔美术馆平面图
来源：弗兰姆普敦．建构文化研究——论19世纪和20世纪建筑中的建造诗学 [M]．王骏阳，译．北京：中国建筑工业出版社，2007：242．

▲图13　金贝尔美术馆透视图
来源：全球美术馆设计大赏，一饱眼福！[EB/OL].（2017-11-09）[2020-09-06].https://www.sohu.com/a/203240406_488901.

---

① 布朗宁，德·龙．路易斯·I．康：在建筑的王国中 [M]．马琴，译．北京：中国建筑工业出版社，2004：212-227．
② 汤凤龙．"间隔"的秩序与"事物的区分"——路易斯·I．康 [M]．北京：中国建筑工业出版社，2012：98-102．

美术馆的功能也与这种秩序相对应：基本单元对应建筑的被服务空间（门厅、展示厅、报告厅等），间隔条带则对应建筑的服务空间（楼梯、储藏空间、设备空间等）。

这种秩序的区分在博物馆的展厅部分体现得尤为清晰，从剖面图（图15）中可以看到：拱顶限定的空间对应展陈部分，平顶限定的空间对应辅助部分。正如康所说："我并不喜欢电管水管，我也不喜欢空调管线。事实上，我对这些玩意儿深恶痛绝，但是正因为如此我必须赋予它们特定的空间……"[①]，他在辅助部分解决了大部分设备及管线的问题，使展陈部分这一被服务空间得以解放。

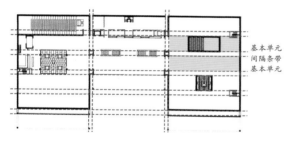

▲图14　金贝尔美术馆秩序控制分析图
来源：作者自绘，底图—弗兰姆普敦．建构文化研究——论19世纪和20世纪建筑中的建造诗学 [M]．王骏阳，译．北京：中国建筑工业出版社，2007：242.

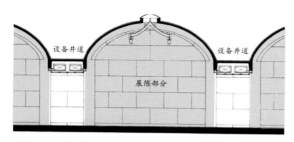

▲图15　金贝尔美术馆局部剖面图
来源：作者自绘，底图—弗兰姆普敦．建构文化研究——论19世纪和20世纪建筑中的建造诗学 [M]．王骏阳，译．北京：中国建筑工业出版社，2007：245.

3.2.2　建构与光

通过正交网格的秩序控制，金贝尔美术馆已经成功分化出服务与被服务空间。在对展厅空间的进一步塑造中，康采用了"筒拱"这一结构形式（图16），并在原有的券心石部分将拱打断，形成采光缝。这种筒拱结构带来了几大好处：一是拱顶参与了空间形态的塑造，进一步区分了服务空间与被服务空间。二是拱本身具有的符号性，使人容易联想某些古典建筑，赋予建筑历史感。当然，拱顶上方的开洞也在提示人这并非照搬西方传统的拱顶体系，而是为了将拱与光结合的现代化构造。三是拱顶这一形式赋予空间向上的秩序感，结合采光缝一起营造了光线自上向下倾泄的神秘体验。

结合筒拱这一结构形式，康还进行了细致的材料处理以加强对纪念性的塑造。对于底界面，他在基本单元中采用了亮色的木质铺装，与间隔条带中暗色的石制铺装相区别。对于顶界面，他在基本单元中采用了混凝土屋顶，与间隔条带中采用的铝质吊顶相区别，混凝土本身的肌理也更能反映光的特质。最后则是墙面的处理，康选择了厚重的大理石作为围护结构，既与承重的混凝土柱形成区分，又参与营造了幽暗的室内效果，将一切留给光去表达（图17）。

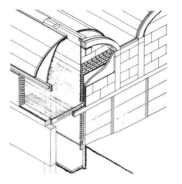

◀图16　金贝尔美术馆拱顶结构单元
来源：弗兰姆普敦．建构文化研究——论19世纪和20世纪建筑中的建造诗学 [M]．王骏阳，译．北京：中国建筑工业出版社，2007：247.

---

① 弗兰姆普敦．建构文化研究——论19世纪和20世纪建筑中的建造诗学 [M]．王骏阳，译．北京：中国建筑工业出版社，2007：221.

▲图17　金贝尔美术馆室内效果图

来源：51wendang. 金贝尔艺术博物馆[EB/OL]. [2020-09-01]. https://www.51wendang.com/doc/007ec19ed908de06fb042fbf/8.

3.2.3　小结

在纪念性空间的塑造上，金贝尔美术馆与特灵顿浴室的设计手法异曲同工：首先通过秩序的建立划分了服务空间与被服务空间（服务空间在特灵顿浴室中表现为立方体单元，而在金贝尔美术馆中表现为间隔条带），获得单一功能的被服务空间之后，又借助结构（筒拱）、材料等方式创造了以拱顶和光为特征的纪念性场所。

3.3　孟加拉国达卡议会中心

　　刺激就来自于集会的场所，它是一个政治精英的场所……集会建立或者修改了人的习惯。——路易·康[1]

3.3.1　秩序

康一直在探索空间的存在意愿以及形式和设计，"集会"就是他一个重要的主题。康认为"集会"具有"一种宗教的氛围"，并且把对宗教的感觉定义为"一种超越了自私的自我意识——使人们聚集起来形成一个清真寺或者立法

机构的东西"[2]。概括地说，康认为集会空间会让参与的人产生共同的崇高的意识，这一点无疑是具有纪念性的。而万神庙是康心中集会空间的原型，他曾这样描述它："它是一种信念，就这些人而言是一种信仰，因为它的形式创造了一种可能是通用的宗教空间……万神庙是一座可以从中找到形式主义仪式的圆形建筑。"[3]它的纪念性离不开圆这一形式，而这一形式又蕴含着一种集中的秩序。

从万神庙出发，康构思了他的集会空间的母题，一个有顶光的核心空间，一圈围绕核心的廊道，以及被廊道连接起来的各个服务空间，这3种元素共同构成了集会的秩序，一种由内向外的集中式的空间秩序。在唯一神派教堂、胡瓦犹太会堂、达卡议会中心的平面中我们都看到了这样的母题（图18）。

对比达卡议会中心和万神庙的平面图，我们看到了它们对于"圆"这一要素的强调，同时清晰地看到两者的逻辑对应关系（图19），在剖面中都实现了对于"圆"的塑造（图20）。

3.3.2　建构

空心柱一直是康建造中一个重要的元素，康运用空心柱解决各种管线的问题，区分服务与被服务，使得空间保持纯粹。此外，康还运用空心柱来实现光的需要。在议会厅中，8根空心的类三角形（三角形和梯形的组合）柱构成了主要结构，康在这三角形的柱子上挖了圆形洞口与方形条窗，为走廊和议会厅席位带来光亮。康为光创造了独立的房间，服务周围的空间，使构造与形式、空间完美结合在了一起（图21）。

①　莱斯大学建筑学院. 路易斯·I. 康与学生的对话 [M]. 张育南，译. 北京：中国建筑工业出版社，2003：41-42.

②　布朗宁，德·龙. 路易斯·I. 康：在建筑的王国中 [M]. 马琴，译. 北京：中国建筑工业出版社，2004：180-181.

③　布朗宁，德·龙. 路易斯·I. 康：在建筑的王国中 [M]. 马琴，译. 北京：中国建筑工业出版社，2004：189-193.

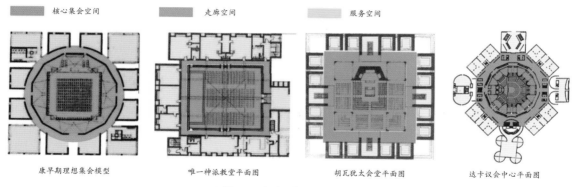

▲图18 康对于集会原型的应用

来源：作者自绘，底图—汤凤龙.“间隔”的秩序与“事物的区分”——路易斯·I.康 [M].北京：中国建筑工业出版社，2012：140，142，160.

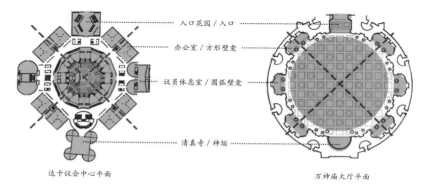

▲图19 达卡议会中心平面与万神庙平面对比

来源：作者自绘，底图—汤凤龙.“间隔”的秩序与“事物的区分”——路易斯·I.康 [M].北京：中国建筑工业出版社，2012：160

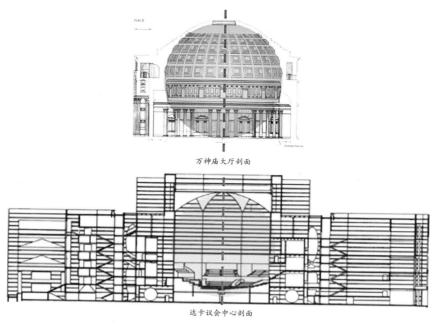

▲图20 万神庙与达卡议会中心剖面中的圆形空间

来源：作者自绘，底图—汤凤龙.“间隔”的秩序与“事物的区分”——路易斯·I.康 [M].北京：中国建筑工业出版社，2012：160

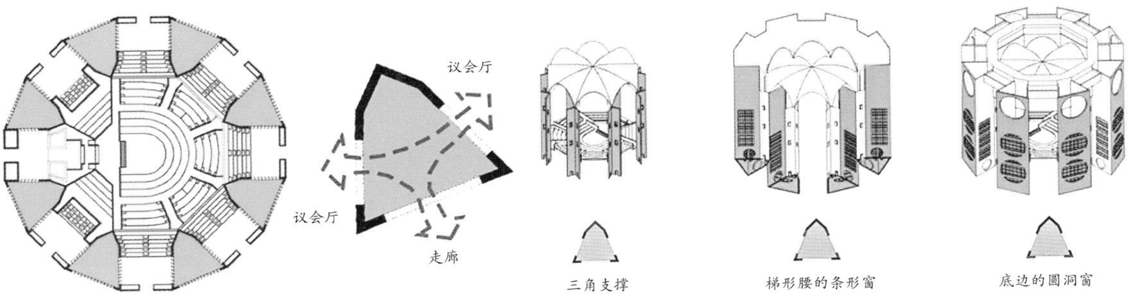

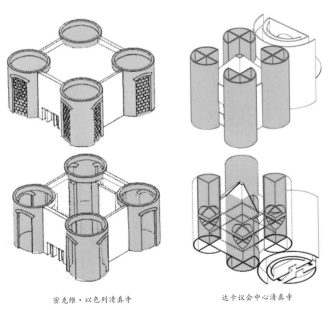

▲图21 三角形柱的拆解分析

三角支撑　　梯形腰的条形窗　　底边的圆洞窗

来源：作者自绘，底图—高金心冷，林楚杰．康与孟加拉国会大厦｜图集1：国会建筑[EB/OL]. (2018-04-02)[2020-09-01].https://www.archiposition.com/items/20180723154809.

除了议会厅外，议会中心南侧清真寺中也运用了空心柱采光，4根圆筒的柱体内十字分割，又在十字对角线上挖圆洞引入光线，创造了光的房间。同时空心柱内布置服务功能，服务于清真寺内部大厅，使得大厅空间完整（图22）。这一建造方式在密克维·以色列犹太清真寺中也可见，圆柱式的采光空心柱是康对于清真寺空间塑造的一个原型。

3.3.3 小结

达卡议会中心是康对于纪念性的集会空间这一原型的探索，集会空间的秩序在这里得到了几乎完美的展现：精准几何建构下的议会厅，丰富变化而又规整的走廊，相互独立但又向心对称的服务空间体。服务与被服务区分并呈现强烈集中的秩序。单一空间对应独立结构，同时康将建造、光融入空间形式，加强了空间之间的限定，使得空间完整纯粹。在议会厅中，康不仅创造了具有向上秩序的拱顶，还将议会大厅空间塑造成如万神庙一样的圆球形的空间，通过顶部的天光强化了向上的秩序。

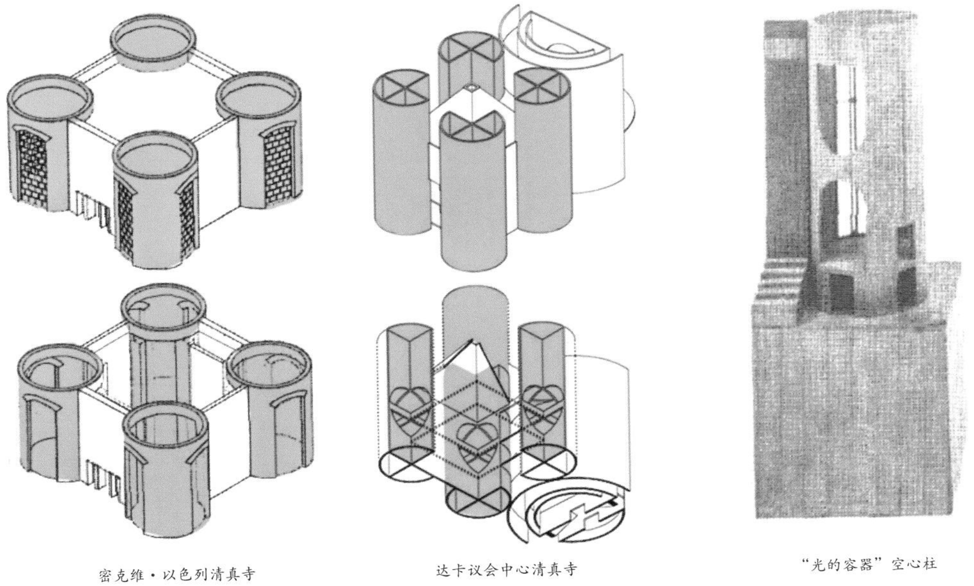

密克维·以色列清真寺　　达卡议会中心清真寺　　"光的容器"空心柱

▲图22 康在清真寺中设计的空心圆柱

来源：作者自绘，底图—汤凤龙．"间隔"的秩序与"事物的区分"——路易斯·I.康[M]．北京：中国建筑工业出版社，2012：173.

4 总结：路易·康建筑中纪念性特征的来源

在对康的3个建筑作品及圆厅别墅、万神庙的对比分析后（表1），我们概括了康在建筑中创造纪念性的一般手法。

其一是**秩序**。从圆厅别墅到特灵顿浴室再到金贝尔美术馆，都是通过网格秩序的建立划分服务与被服务空间，这在特灵顿浴室中体现为方形的"小单元"与"大单元"的区分，在金贝尔美术馆中体现为矩形的"基本单元"与"间隔条带"的区分。达卡议会中心的秩序则类似于万神庙，体现为圆形"核心空间"与包围的环状"单元空间"的区分。

其二是**建构**。在分离得到被服务空间之后，康一方面通过结构（空心柱）及材料的处理实现了功能、空间、形式、结构上的统一，赋予空间纯粹性。另外，通过屋顶的建造，创造出空间垂直向的秩序，营造了光线自上而下倾泻的感受。

通过秩序与建构的设计手法，康最终在其建筑中营造了具有神秘感、永恒性的精神体验，赋予了建筑纪念性的特征，也回应了人们除功能、物质以外的文化及情感需求。

表1 路易·康建筑作品及部分西方纪念性建筑对比

名称	秩序	建构
圆厅别墅	平面秩序图	剖面图
特灵顿浴室	平面秩序图	剖面图
金贝尔美术馆	平面秩序图	局部剖面图
万神庙	平面秩序图	剖面图
孟加拉国达卡议会中心	平面秩序图	局部剖面图

解读瓦勒里欧·奥加提建筑创作中的文脉①认知

Interpretation of Context in Architecture of Valerio Olgiati

吴娱 潘安琪 / 文

摘要

本文基于对瓦勒里欧·奥加提（Valerio Olgiati）文脉观及与之相关的设计思想的溯源及分析，探求他在建筑创作中所涉及的语境关系以及对于传统文脉观的继承与革新。

关键词

瓦勒里欧·奥加提；建筑创作；文脉认知；继承与革新

引言

瓦勒里欧·奥加提1958年出生于瑞士格劳宾登州（Grisons）的弗利姆斯镇（Flims）。作为老一辈的现代主义建筑师鲁道夫·奥加提（Ruldolf Olgiati）的儿子，小奥加提延续了父亲的建筑事业，进入苏黎世联邦理工学院（Eidgenössische Technische Hochschule Zürich, ETH）建筑系学习，毕业后在瑞士苏黎世（Zurich）和美国洛杉矶（Los Angeles）先后工作学习了数年。1996年，他在苏黎世开设建筑师事务所。2008年，他前往弗利姆斯重新设立事务所②。在此期间，奥加提设计完成了多项作品，被认为是瑞士最具叛逆和革新精神的建筑师之一。

作为一个瑞士本土建筑师，奥加提对于文脉有着自己独特的观点及想法。这在他的多个实践作品及访谈中都有所体现。仔细观察奥加提的作品，可以发现其作品有一种从场地当中"生长"出来的特质，但又不同于单纯的拼贴与模仿周边环境或建筑特征，有着自己独特的想法与概念。因此，本文旨在追溯其文脉思想的形成过程，并通过分析其建筑作品，探求奥加提在建筑创作中所涉及的语境关系以及对于传统文脉观的继承与革新。

---

① 这里的"文脉"对应英文中 Context 即语境的含义。广义上，文脉被引申为一事物在时间或空间上与其他事物的关系；设计中，文脉大多被理解为文化上的脉络关系、文化的承启关系。
② OLGIATI V. Biography[J]. El Croquis, 2011, 156: 4.

1 瓦勒里欧·奥加提文脉观的继承与创新

1.1 瓦勒里欧·奥加提、鲁道夫·奥加提与彼得·卒姆托

瓦勒里欧·奥加提工作和生活的瑞士格劳宾登州，以其独特的山区地形（图1），吸引了著名的早期现代主义建筑师鲁道夫·奥加提、当代建筑大师彼得·卒姆托（Peter Zumthor）等在此创作。此外，瓦勒里欧·奥加提继承当地建筑师将建筑融入自然环境的文脉观，将山区建筑与当地的自然条件密切结合，从而创作出了具有地方特色与个人特色的高质量建筑。格劳宾登州的村落中存在一种"过渡风格"的传统建筑，既有当地传统建筑的风格，又融入了大量现代元素，大部分由瓦勒里欧的父亲——鲁道夫·奥加提创作（图2），可以算是接受现代主义影响的建筑师的早期作品，对当地建筑界具有较大的影响，又对随后的传统建筑的建造反过来产生影响。

▲图1 格劳宾登州风貌
来源：杨冬英. 传统的延续与拓展[D]. 北京：清华大学，2011：13-29.

20世纪80年代，以彼得·卒姆托为首的一批有着开放视角、同时植根本土的建筑师，也掀起了一种新的当代建筑传统（图3~图5）。卒姆托的工作室设在格劳宾登州府库尔城边，抛开现代主义与后现代主义的框架，卒姆托关注材料、建造、记忆、氛围，注重细节，是极少主义的代表[①]。他的建筑在很大程度上引导了当地的当代建筑创作。瓦勒里欧·奥加提曾在他的事务所实习，受到卒姆托的影响。

▲图2 鲁道夫·奥加提建筑设计
来源：RIEDERER U, OLGIATI R. Bauen mit den Sinnen[M]. Chur:HTW Verlag, 2005：206.

▲图3（左上） 瓦尔斯温泉浴场
▲图4（右上） 女巫审判者受害纪念馆
▲图5（下） 圣本笃教堂
来源：STEVEN S. Place, authorship and the concrete: three conversations with Peter Zumthor[J]. Architectural Research Quarterly, 2001, 5(1): 3-10.

---

① 李洁. 瑞士建筑师彼得·卒姆托的极少主义建筑设计研究[D]. 杭州：浙江大学，2006：2-3.

1.2 对比分析

三位建筑师作品对比分析见表1。

表1 三位建筑师作品对比分析

	鲁道夫·奥加提	彼得·卒姆托	瓦勒里欧·奥加提
关于文脉的设计理念	现代主义者，倡导建筑设计中的一些普适性的规则，兼顾历史风格和当地传统；[①]作品可以看作是地方传统要素与勒·柯布西耶（Le Corbusier）的现代主义建筑的综合体（图6、图7）	以很低的姿态，给予传统和场所很大的尊重，却并不看重当地漂亮的建筑要素；注重的是这种传统所给予场地的精神状态。拥有自己独立的建筑语言体系，注重细节及人的感受，用朴素的手法形成微妙的整体效果（图8、图9）[②]	不跟随任何盛行的风气，依据自己的实践和判断进行决策。从建筑师独特的想法出发，赋予建筑独特的意义。设计不从文脉出发，但也灵活使用传统要素，将其用抽象的方式进行表达（图10、图11）
案例图纸资料	 ▲图6 坡地上的多户住宅平面图 来源：RIEDERER U. OLGIATI R. Bauen mit den Sinnen[M]. Chur: HTW Verlag, 2005: 48.	 ▲图8 瓦尔斯温泉浴场平面图、剖面图 来源：Richard I.瓦尔斯温泉浴场,瓦尔斯,格劳宾登州,瑞士[J].世界建筑,2005(1): 62-71.	 ▲图10 帕斯佩尔（Paspels）学校一层、二层平面图 来源：OLGIATI V. School in Paspels [J]. El Croquis, 2011, 156: 48–49.
外部实景	 ▲图7 坡地上的多户住宅外部实景 来源：RIEDERER U, OLGIATI R. Bauen mit den Sinnen[M]. Chur: HTW Verlag, 2005: 48.	▲图9 瓦尔斯温泉浴场外部实景 来源：赵鑫.真实建筑———瓦尔斯温泉浴场[J].建筑,2010(17): 76-77.	▲图11 帕斯佩尔学校外部实景 来源：OLGIATI V. School in Paspels [J]. El Croquis, 2011,156: 48–49.

① RIEDERER U, OLGIATI R, Bauen mit den Sinnen [M]. Chur:HTW Verlag, 2005:48.
② ZUMTHOR P, BINNET H. Peter Zumthor Works: Buildings and Projects1979—1997[M]. Princeton: Princeton Architectural Press, 1998: 3.

	鲁道夫·奥加提	彼得·卒姆托	瓦勒里欧·奥加提
建筑选址 与布局	在垂直方向上适应坡地展开功能，并在不同高差不同方向上设置出入口，从而达到公共空间与私密空间的分隔（图12、图13） 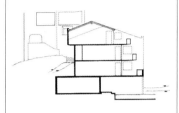 ▲图12　坡地上的多户住宅剖面 来源：RIEDERER U, OLGIATI R. Bauen mit den Sinnen[M]. Chur: HTW Verlag, 2005: 48.  ▲图13　泳池所在正立面及泳池室内及建筑嵌入山地模型图 来源：RIEDERER U, OLGIATI R. Bauen mit den Sinnen[M]. Chur:HTW Verlag, 2005：249.	和与山谷景观融为一体的传统建筑一样，以保持环境景观为主要目的，将建筑插入山体，使其隐于坡地，甚至采取了比普通的传统建筑更低的姿态——"负于环境"。从山下村庄的方向看这座半掩入山体建筑的正立面，就像一块削直了的巨石，简洁干脆；而从山上往下看，则没有任何的突出，像是自然山体的延伸，达到对场地的最大尊重（图14）[1]  ▲图14　建筑嵌于地形中（瓦尔斯温泉） 来源：赵鑫.真实建筑——瓦尔斯温泉浴场[J].建筑, 2010(17)：76-77.	建筑延续传统山地牧场上的居住小屋的独立形式，矗立在斜坡之上。坡屋顶的走向与远处山峰走势一致，使建筑在自然中并不突兀（图15、图16）  ▲图15　建筑嵌于地形中（帕斯佩尔学校）（一） 来源：杨冬英.传统的延续与拓展[D].北京：清华大学，2011：125.  ▲图16　建筑嵌于地形中（帕斯佩尔学校）（二） 来源：杨冬英.传统的延续与拓展[D].北京：清华大学，2011：125.
形式、 体量、 尺度的 延续	【形式】采用现代主义建筑的普适性规则如自由平面、自由立面、独立支柱、横向长窗等，但在窗、基座等细节上具有传统建筑的要素。 【体量】缩减体量，将较大的建筑体量埋入山地中，使建筑与传统建筑体量相当。 【尺度】内部小空间结合室内外楼梯与阳光泳池等尺度对比较大的空间，使空间体验丰富	【形式】手法极为朴素，整个建筑都延续类似石矿场样的形式，呼应原有场地；采用这一主题，空间整体效果好。 【体量】采用将建筑埋入地下的分散体量的处理方法，同时采用传统木结构，使其完美地融入村落当中，延续当地建筑传统体量。 【尺度】以大池的"虚"与其他小空间"实"的穿插组合作为空间组织的线索，体系独特，仿佛行走在一系列不同空间尺度的天然洞穴中，整体效果独特	【形式】按照建筑师想要建造"风景取景器"的想法，仅用干净的盒子形体，将空间按照景观面划分为各有特色的四部分。 【体量】与当地传统山坡建筑采用相似体量，独立而低调地矗立在山坡上。 【尺度】为了尽可能多地捕捉风景，开窗尺度较大，同时与周围建筑所形成的对比，不仅为内部连续观景提供了更佳的视野，也为建筑立面增添了新的感受

① ZUMTHOR P. Thinking Architecture[M]. Weimar: Las Muller Publishers.1998: 13.

	鲁道夫·奥加提	彼得·卒姆托	瓦勒里欧·奥加提
建筑材料与建造技术的传承	采用了勒·柯布西耶典型现代主义做法的白色墙面，与当地传统木墙不同；结合现代主义的框架结构系统，独立支柱，解放平面（图17） 	不同种类和重量材料结合在一起，关心不同材料给人的感受。如将当地麻岩分割成片状，采用类似于"实木结构"的搭叠方式，形成厚重的墙，此时墙面肌理与山体的形成脉络相似，配以昏暗的采光，给人置身于当地采石场矿洞的独特感受（图18） 	作品节点设计与自然要素发生联系，在建筑外部或室内都呈现独特的效果。利用雨水的掉落冲刷墙体产生的斑驳肌理表达建筑的时间感。雨水落水管的底部在刚进入混凝土基座的位置断开，雨水降落在混凝土槽内发出清脆声，并且顺着槽内坡度的变化围绕建筑流淌，创造山水皆有的意境（图19）[1] 

▲图17　白色墙体融于环境
来源：RIEDERER U, OLGIATI R. Bauen mit den Sinnen[M]. Chur: HTW Verlag, 2005：125.

▲图18　采用当地特色石材
来源：赵鑫.真实建筑——瓦尔斯温泉浴场[J].建筑, 2010(17)：76-77.

▲图19　帕斯佩尔学校细部设计
来源：OLGIATI V. School in Paspels [J]. El Croquis, 2011, 156：65.

鲁道夫·奥加提"传统与现代要素相结合"与彼得·卒姆托"尊重场地，重视细节"的各自独特的对于传统与文脉的观念，对于瓦勒里欧·奥加提的影响颇深，并且他在此基础上有了自身的推进，因而将这三位格劳宾登州具有传承意义的建筑师进行对比，可以更加清晰地看出瓦勒里欧·奥加提对于文脉观念的传承与创新。

由表1可知，鲁道夫·奥加提与彼得·卒姆托在尊重当地传统文脉观的基础上，精确把握建筑细节，合理运用建筑材料，通过自己独特的建筑语汇与文脉观，赋予格劳宾登州的建筑以新的风貌，成为当地建筑文脉的一部分。

正是在这种氛围的熏陶下，瓦勒里欧·奥加提不仅继承了当地传统建筑的设计手法，也继承了父亲对于传统的建造方式的改进，并加以现代主义手法进行再创作；卒姆托尊重场地的态度也对他产生极大的影响，使得他寻找到一条关于场地及氛围的独特设计道路，创作手法有极大的突破。下文将对奥加提在建筑创作中对于文脉或者语境的参照做具体剖析，其中既包括继承传统的部分，也包括奥加提在自身理论体系中所提出的对于文脉的新认知。

---

① 杨冬英.传统的延续与拓展[D].北京：清华大学，2011：96.

2 瓦勒里欧·奥加提建筑创作中的语境关系

2.1 对于上下语境的继承与提炼

瓦勒里欧·奥加提作为一名生长于瑞士格劳宾登州的本土建筑师，且受到作为瑞士现代主义建筑大师的父亲鲁道夫·奥加提的影响，对"传统"这个话题有着非常深入的思考。他在遵循原有建筑场地特征和气候特征的基础上，提取、抽象、再利用传统建筑中的可用要素，并通过对材料的重新思考以及建造方式的拓展，让人们对建筑及其周边环境产生新的认知。但这些传统要素的使用并不绝对，必须要为建筑师对于建筑的某种想法或者概念服务，使这些要素从本质上具有一定意义，服务于建筑给人的感知体验。

2.1.1 建筑的选址与布局

奥加提所在的格劳宾登州的地形多为坡地，传统聚落中的建筑往往随等高线布置，不会对山地进行大面积处理，以达到对土地最小干扰的同时满足人们的使用需求的目的①。这种山坡上的"瑞士方盒子"作为当地本土建筑的典型形象，也深深影响了奥加提的建筑创作。

奥加提所设计的帕斯佩尔学校，正是其中的典型代表。学校所在的帕斯佩尔村是典型的坡地聚落，道路形态与建筑布局较为松散。建筑建于一个斜坡之上，四周由田野围绕，在建筑形态与布局上很好地回应了地形，融入当地的聚落形态（图20、图21）。对于坡地的处理，该校舍的屋顶角度与坡面处于平行状态，插入山体，像传统山地牧场上的居住小屋或者临时性建筑帐篷那样，以低调而又独立的姿态矗立在斜坡之上（图22）。这

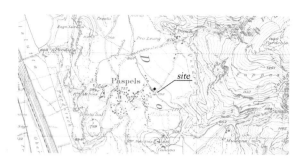

▲图20 帕斯佩尔学校区位图
来源：OLGIATI V. School in Paspels [J]. El Croquis, 2011, 156: 56.

▲图21 帕斯佩尔学校鸟瞰照片
来源：OLGIATI V. School in Paspels [J]. El Croquis, 2011, 156: 56.

▲图22 帕斯佩尔学校与"瑞士农舍"的对比
来源：上图—奥加提，黄怀海. 预科学校，帕普索尔斯，瑞士 [J]. 世界建筑，2007(4): 59. 下图—黄小多. 木制农舍在瑞士当地的建筑特点是怎样形成的?[EB/OL]. (2015-11-05)[2020-08-10]. https://www.zhihu.com/question/37118377?sort=created.

---

① 杨冬英. 传统的延续与拓展[D]. 北京：清华大学，2011：62.

种景观般的建筑以它自身的实体性为代价，成为主要实体的一个组成部分，例如岩石构成的一部分，理论上它可以完全融入周围的环境。

2.1.2 形式、体量、尺度的延续与抽象

奥加提于20世纪80年代曾在苏黎世联邦理工学院学习，接触到一种"类比建筑学"[①]理论。该理论强调建筑的原型，这种原型一般囿于城市和地域之中，试图探寻日常生活中隐匿的美。根据这种原型产生的建筑给人以一种似曾相识之感，没有特别的形态，没有夸张的体量和尺度，很好地融入当地的街道中。从大的形态上来说，这类建筑与传统建筑具有很大的相似性，尤其集中体现在形式、体量和尺度上，但也保有每栋建筑自身的特点[②]。

对于形式的延续与抽象，在独栋居住建筑中最为明显。虽然建筑的材料不尽相同，也有着不同的材料做法，但形式却有着惊人的相似。奥加提在弗利姆斯镇新建成的住所兼工作室就能够鲜明地体现出这种特点。该建筑周围有不少实木建构的传统建筑，这种传统实木建构的老房子，经过风吹日晒，木头颜色逐渐变黑。奥加提工作室内部空间简洁而现代，却同样采用木材做外墙面材料，且被油漆成了黑色，与风吹日晒而变黑的传统建筑实木色彩不谋而合（图23、图24）。

尽管这栋两层楼工作室的内部空间布局与传统建筑相差甚远，开窗也采用了完全现代的方式，但展示给人们的整体形态却与周围的传统建筑相当吻合（图25、图26）。由于同样要面对坡地这个问题，建筑底层先用混凝土搭起一个台子，台上是木质的工作室主体，台下是车库，延

续了传统"瑞士方盒子"对于坡地的处理手法。建筑空间及建筑整体形态对传统建筑进行了抽象，但其体量、形态、尺度及建筑材料的选择，与传统保持了一种微妙的对照。

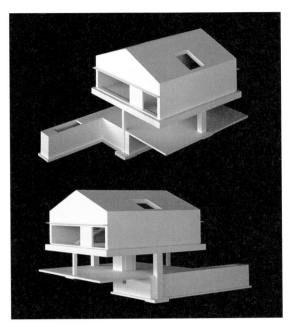

▲图23 瓦勒里奥·奥加提建筑工作室模型照片
来源：OLGIATI V. Office of Valerio Olgiati [J]. El Croquis, 2011, 156: 130.

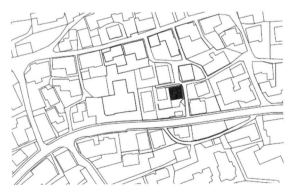

▲图24 瓦勒里奥·奥加提建筑工作室总平面图
来源：OLGIATI V. Office of Valerio Olgiati [J]. El Croquis, 2011, 156: 130.

---

① "类比建筑学"理论建立在阿尔多·罗西（Aldo Rossi）的原型理论上，由其助手法比奥·莱因哈特（Fabio Reinhart）及助教米罗斯拉夫·希克（Miroslav Sik）提出，旨在对世界诗意且现实的表述，同时还要对现实进行"陌生化"。
② CARUSO A. Whatever Happened to Analogue Architecture[J]. AA Files, 2009, 59: 74-75.

▲图25（左图） 位于弗利姆斯典型的石材和木材混搭的传统建筑

来源：Raxo. Raxo的相册-FLIMS [EB/OL]. (2013-02-23)[2020-08-10]. https://www.douban.com/photos/album/90876423.

▲图26（右图） 瓦勒里奥·奥加提建筑工作室实景照片

来源：OLGIATI V. Office of Valerio Olgiati [J]. El Croquis, 2011, 156: 133.

2.1.3 建筑结构的地域化探索

奥加提曾提出这样的论断，"我坚信，结构是建筑师逻辑性构思的核心内容。在结构和力学层面上构思建筑，也意味着为此决策确立决策准则……结构还是建筑根本的起源，我们值得在这里投入精力。"不同于传统建筑空间与结构分离的状态，奥加提的作品是对形式与结构的统一表达。奥加提通过对结构的巧妙构思与精确运用，使得其在传统建筑空间中重获话语权[①]。

在"黄房子"的设计中，由于功能由居住建筑转变为展览馆，奥加提不得不采取一种彻底的方法——将内部空间彻底掏空，只保留了中间一根承重的柱子和四面坡顶的木结构（图27、图28）。建筑中的一个巨大的、不对称安置的方柱十分引人注目，强调了展示空间。在阁楼层，它倾斜至帐篷式屋顶的尖端，形成了一种人为的非理性特征，结构对于空间开始了介入。在这里结构之美就是建筑之美，空间呈现了一种结构化的表达。

2.1.4 对于建筑材质的考量

在材质的选取方面，奥加提对于不同的材料有着不同的态度和理解。他在自己工作室的设

计上，通过"下混凝土＋上木材"的建筑材料组合，寻求与传统建筑的融合。内外表皮使用的都是当地传统民居常见的木材，但用颜料刷成了黑色，实现了与周边建筑一致的材料尺度却更抽象化和背景化的表达。而在黄房子的改造中，却将

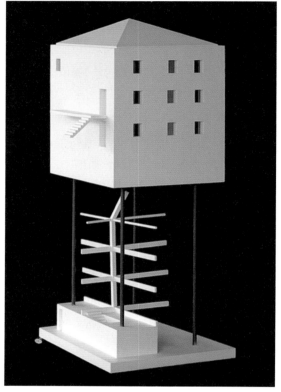

▲图27 "黄房子"模型照片

来源：OLGIATI V. The Yellow House [J]. El Croquis, 2011, 156: 80.

剖面图

▲图28 剖面图及结构示意

来源：OLGIATI V. The Yellow House [J]. El Croquis, 2011, 156: 80-83.

---

① 曹峻川. 奥加提建筑中的空间、结构和建造研究[D]. 天津：天津大学，2017：55.

原本小镇上石砌建筑表面的粉刷及抹平凿去，露出原本参差不齐的毛石表面，再用一层薄薄的涂料涂刷，来展示建筑材料原本的真实性。在画家工作室的设计中，选择了红棕色的混凝土，却又怀念木材的熟悉和温馨之感，而将混凝土木模具的纹理清晰地显示出来。木模具浇筑的红棕色混凝土，混凝土表面木材纹理清晰可见。正是由于这是由混凝土浇筑而非木板拼贴而成，才使得除了木纹理以外的建筑表面"花饰"成为可能。在一次针对奥加提的采访中，他提出就"文脉化"和"非文脉化"而言，白色混凝土代表"来自自身"，是非文脉的创造，而红棕色混凝土则代表更加文脉化的表达。因此，针对这栋更偏向于文脉化处理的建筑物，奥加提选择了用混凝土模仿木材这种较为具象的形式[①]（图29）。

2.2　加入"横向语境"

与主张新的建筑必须延续当地文脉的观点完全相反，奥加提认为"在没有承接上下语境关系的条件下建造建筑，是可能的"[②]，他并不特别强调建筑中存在的上下语境；但为了增添建筑语言的丰富性和文化内涵，他喜欢在设计中添加横向的语境关系，即他兴趣远涉的东南亚和日本，甚至欧洲一些地方的文化符号。

2.2.1　筱原一男的影响

筱原一男的作品对于奥加提在现代建筑中的疑惑有了极大的解答——建造的意义及物质性——以及情感与精神上的共鸣，因此被奥加提极为推崇。筱原认为，建筑的现代化是被动的，建筑师不能盲目地跟随潮流或者单纯地回归传统，应该着眼于传统与现代的共同点——建筑的自我发生和内在的自主性开始，回归到"细胞"的层面重新思考建筑；这也与奥加提的观念"不从文脉出发，从建筑本身思考，以建筑自身的特征定义建筑"一致。

筱原一男通过几何化的平面、形式处理，空间中充满张力而明晰的结构体系共同构筑了严密的整体，进而营造出象征空间[③]；在奥加提作品中，建筑的体形、结构的处理方式及神秘的氛围最为引人注目；由此可见，筱原一男的结构介入空间及营造建筑氛围等方面给予了奥加提极大的启迪（图30、图31）。

▲图29　"黄房子"、奥加提工作室、画家工作室立面材质示意
来源：图片（左）取自OLGIATI V. The Yellow House [J]. El Croquis, 2011, 156: 72. 图片（中）取自OLGIATI V. Office of Valerio Olgiati [J]. El Croquis, 2011, 156: 133. 图片（右）取自OLGIATI V. Bardill Studio [J]. El Croquis, 2011, 156: 100. 作者分析自绘。

① 尚晋，叶扬，孙凌波，等. 瓦勒里欧·奥加提文本[J]. 世界建筑，2012（8）：84-99.
② MARKUS B. The Significance of the Idea-in the Architecture of Valerio Olgiati[M]. Salenstein:Verlag Niggli AG, 2008: 9.
③ 引述自KAZUO S. Mittsu no Gen-kukan[J]. Shinkenchiku, 1964, 39(4): 3.

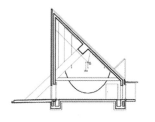

▲图30（左） 奥加提普兰塔霍夫礼堂剖面
来源：OLGIATI V. Plantahof Auditorium [J]. El Croquis, 2011, 156: 174.

▲图31（右） 筱原一男 Prism 住宅剖面
来源：筱原一男. 建筑——筱原一男[M]. 南京：东南大学出版社, 2013: 122.

2.2.2 巴西建筑师保罗·门德斯·达·罗查

巴西建筑师保罗·门德斯·达·罗查（Paulo Mendes da Rocha）喜欢在设计中使用裸露混凝土和钢材，努力突破材料常规意义上的使用方式。在他的作品巴西雕塑博物馆中，独特的结构从地表抬起建筑体，混凝土外墙与形式感极强的建筑符号营造出纪念性氛围，空间中完全展现了粗野的混凝土特性及独特巧妙的结构构筑方式，不依赖于传统风格和形式而创造出永恒感，而是创造出在当前时代背景下独有的建筑特征（图32）。

达·罗查对于超越当前时代背景下的建筑手法的表达、结构构件的表达及混凝土材料的使用启发了奥加提混凝土材料中所蕴含的可能性，深切影响其后来的创作。在他的作品画家住宅兼工作室以及ZUG公寓中，红色混凝土的使用赋予

建筑独特的开朗性格，并为场所渲染一种异域氛围，加以融合东南亚建筑的几何形，并利用这些元素创造了丰富的空间及视线的交叉，这是奥加提对于混凝土的独特创新（图33、图34）。

2.2.3 奥加提所著《图像自传》

奥加提收集了55张对自身建筑设计有启发的照片，整理了一部《图像自传》（*Iconographic Autobiography*）（图35~图38）。他解读图片中的信息，从中提取设计思路，在设计中生成设计伊始的"独特想法"。这些图像中有大量东方建筑的元素，体现他对建筑中横向语境的热爱与研究。

▲图33（左） ZUG公寓
来源：OLGIATI V. Residential Building Zug Schleife [J]. El Croquis, 2011, 156: 168.

▲图34（右） 画家工作室
来源：OLGIATI V. Bardill Studio [J]. El Croquis, 2011, 156: 103.

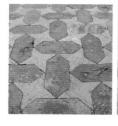

▲图35（左） 奥加提收藏的照片——泰姬陵的地面铺装
来源：OLGIATI V. Iconographic Autobiography [J]. El Croquis, 2011, 156: 6.

▲图36（右） 奥加提收藏的照片——William Hodges, Tahití, 1773
来源：OLGIATI V. Iconographic Autobiography [J]. El Croquis, 2011, 156: 14.

▲图32 达·罗查自宅
来源：Paulo Mendes da Rocha-Sao Paulo Residence[EB/OL]. [2020-09-30]. https://trendland.com/paulo-mendes-da-rocha-sao-paulo-residence-a/paulo_mendes_da_rocha_sao_paulo_3/.

▲图37（上）　奥加提收藏的照片——日本浮世绘
来源：OLGIATI V. Iconographic Autobiography [J]. El Croquis, 2011, 156: 8-10.

▲图38（下）　奥加提收藏的照片——Fathepur Sikri, India
来源：OLGIATI V. Iconographic Autobiography [J]. El Croquis, 2011, 156: 8-10.

2.2.4　加入横向语境下的建筑

1）黄房子与出云大社

黄房子的空间内部具有一种"中心性"的空间氛围，主要是由平面中心设立的一根独立支柱（图39）带来的，与日本传统建筑中的中心柱在空间中的氛围和特质相似。在奥加提的《图像自传》中有这样一张，其内部的中心也是一根建筑中尺寸最大的柱子，与黄房子的平面极为相似，是日本出云大社（Izumo Taisha Shrine）的平面图（图40）。

首先在结构层面，偏好混凝土的奥加提选择使用木材作为建筑结构核心，平面中的木柱与出云大社中承担荷载的中心柱类似，也与佛教建筑中贯穿各层的佛塔中心柱相似；在空间层面，中心柱将空间进行分割，使得单一空间有不同的等级层次，与出云大社的平面逻辑类似。在几何中心布置柱子，使出云大社产生了一种独特的精神氛围，产生了神灵降临地的象征意义。在黄房子中，将楼梯间设置在偏离中心的位置，而且黄房子并不是规整的几何形平面，其结构合理性决定了柱子必须偏离几何中心，以这样的方式分割空间，使结构与空间之间的关系有了不确定性。最后，在象征意义方面，出云大社的内部空间中，结构的整体性与中心柱统领的空间共同渲染出一种理性氛围，这种氛围超越时间和空间，在世界各地的传统建筑中都有踪迹，奥加提希望在自己的建筑中使人们得到同样的精神共鸣。

2）瑞士国家公园游客中心与博斯维克城堡

瑞士国家公园游客中心（图41）的建筑平面可以分为两部分，一部分是被混凝土墙体包裹的交通空间，另一部分是由交通空间联结的两个展览空间，其中的"服务空间"与"被服务空间"的逻辑，与奥加提收藏的苏格兰博斯维克城堡（图42、图43）平面图类似。该城堡将辅助

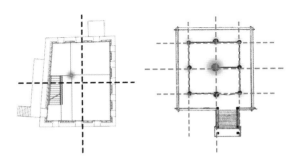

▲图39（左）　黄房子平面与柱关系
来源：尚晋，叶扬，孙凌波，等. 瓦勒里欧·奥加提设计选例，图像 [J]. 世界建筑，2012（8）：16-49. 作者改绘。

▲图40（右）　奥加提收藏的图片——出云大社平面与柱关系
来源：OLGIATI V. Iconographic Autobiography [J]. El Croquis, 2011, 156: 13.

空间诸如楼梯、储藏室等，设置于厚重的砖石墙体中，主要的使用空间则保持完整、被围合的形态，图底关系体积感强烈。

在结构方面，游客中心使用混凝土整浇，外墙及楼梯间外的墙体不仅围合空间，而且是承重构件。保温混凝土不仅取消了普通混凝土墙体中的结构层，而且保持了结构整体性，与砖石建造

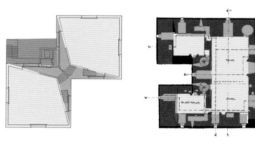

▲图41（左） 瑞士国家公园游客中心服务与被服务空间
来源：OLGIATI V. Iconographic Autobiography [J]. El Croquis, 2011, 156: 11. 作者改绘。

▲图42（右） 博斯维克城堡服务与被服务空间
来源：OLGIATI V. Iconographic Autobiography [J]. El Croquis, 2011, 156: 11. 作者改绘。

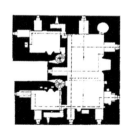
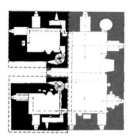
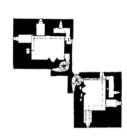

▲图43 博斯维克城堡与游客中心的内在关联
来源：曹峻川. 奥加提建筑中的空间、结构和建造研究[D]. 天津：天津大学，2017：110.

的城堡的结构逻辑相似。在空间方面，正如奥加提在《图像自传》中评论苏格兰博斯维克城堡的平面图"楼梯都被放置在墙体中"[①]，游客中心的空间也从中获取了灵感，将楼梯作为服务空间包裹在墙体内部，置于平面中心分隔空间，并连接两侧的被服务空间——展厅，不仅提高空间的利用率，而且给人以独特的体验感。

由城堡平面图可知，此类空间给人留下的最大的空间感受是由实体（solid）空间和虚体（vold）空间对比而产生的体积感；在游客中心的平面上，通过墙体包裹的楼梯间与展厅间的关系模仿了这种特质。此外，在城堡平面中，楼梯被包裹于厚墙中置于建筑一角，如果将游客中心看作由东北和西南两个单元组成，每个单元所显示的空间关系与之相似，因此可以认为，将单个城堡平面自身旋转后两两拼合，即通过符合现代建造方法的空间形式，在新建筑中重构城堡。

2.3 对于传统文脉观的突破

奥加提曾在访谈中提及，"我住所周围的谷仓也不是顺应文脉的；所有的谷仓都是12m×12m或12m×18m的，大小和形式取决于牛和干草的数量，必须支撑整个冬天。农民从来没有过一点考虑文脉的浪漫想法。然而最终，这些谷仓本身就构成了十分优美的文脉。"[②]他将建筑视作从地面越出、连根拔起的大树，认为在没有承接上下语境关系的条件下建造是可能的，这一观点与那些主张新建筑要与所建环境协调并注重文脉的观点相悖。在奥加提看来，尊重文脉，融入场地虽然是一种默认的基本准则，但这一准则并不能支撑起一个建筑的全部意义。

① 引述自ANONYMOUS A. White Monolith—The Swiss National Park Visitor Center in Zernez[J]. Concrete international, 2010(8): 30.
② 引述自丹尼尔·A. 瓦尔泽对奥加提的访谈中奥加提对"文脉"与"非文脉"的解读。

在帕斯佩尔学校（图44、图45）的设计中，奥加提有意地将建筑的体量做得十分厚重，且在选址上高于当地的传统建筑，使其区别于周边的传统建筑形成一套独立的体系。在开窗尺度上，他也有意地与传统建筑进行对比，并且窗户的布置完全跳脱了普通的功能主义建筑，使人们无法凭借立面推测出内部空间的构成方式。此外，建筑在二、三层的平面布局上进行了90°转动，形成了一个有趣的风车形平面，使每个教室都拥有独特的风景，这种在空间上的外展与内收趋势显露无疑（图46）。这使得人们无法以惯常的思维来解读这一建筑，而必须在脑海中对其进行解构分析，思维与建筑在此发生了真正的互动。

奥加提对于作品的如上处理方式，来源于他在设计中对于某种概念与想法的重视。在一场讲座中奥加提曾说："我深信不以场地文脉为出发点而设计出伟大建筑是完全有可能的……我认为建筑可以产生于一个概念，而这个概念可以完全和场地没有任何关系。"他认为建筑创作需要以态度立场为基础，通过一个别出心裁的想法或者概念进行设计，使建筑与人在特定的情况下产生双向的交流与对话。这些想法和概念基本上和语境没有必然的关系，追求的也并非解决建筑风格或者建筑空间问题，不受任何规范、规则约束。由想法生成的建筑，会与周边发生一个关系，形成一种关照。至于这个关照，是文脉的，还是对

▲图44　帕斯佩尔学校实景图（一）
来源：潘晖. 瓦勒里欧·奥加提的"无参照建筑"[J]. 建筑师，2018（3）：96.

▲图45　帕斯佩尔学校实景图（二）
来源：潘晖. 瓦勒里欧·奥加提的"无参照建筑"[J]. 建筑师，2018（3）：96.

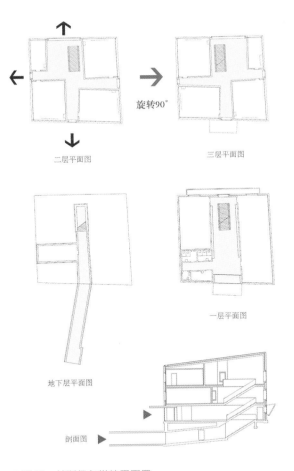

旋转90°

二层平面图　　　三层平面图

一层平面图

地下层平面图

剖面图

▲图46　帕斯佩尔学校平面图
来源：OLGIATI V. School in Paspels [J]. El Croquis, 2011, 156: 60. 作者改绘.

比的，则并非那么绝对。相较于顺应传统，他更愿意去创新，但这创新并不一定是反文脉的。然而正是这些想法，可能成就出环境新的特色，成为文脉的一部分。

3 小结

通过解读瓦勒里欧·奥加提建筑创作中的文脉认知与语境关系，可以发现不同于传统的文脉观，奥加提并非单纯地将建筑视为融入周边环境、回应场地特征的产物。作为瑞士本土建筑师的奥加提既受到了当地鲜明的建筑风格与场地特征的影响，也涉及了东南亚和日本，甚至欧洲的文化符号。他对于"上下"语境和"横向"语境的参考意图并不在于简单的"拼贴"，而是直击其中所蕴含的情感、氛围等要素乃至背后所蕴含的意义。这些要素共同服务于产生建筑的想法或者概念，通过形与意的转化，从而达到源自场所文脉却又具有独一无二的创新性的目的。

主题2：
建筑学语境下的建造

◎ 基于互动技术的动态建筑空间探索／31

◎ 墙体的回应——基于互动技术下的洞口变化研究／43

◎ 浅析语言学视角下屏风的渗透性／57

◎ 建筑基面与其形成的场所／67

基于互动技术的动态建筑空间探索

Dynamic Architectural Space Exploration Based on Interactive Technology

陈钰凡 何荷 / 文

摘要

    数字化时代带来了不断更新的建筑技术，同时也为建筑空间的创造和运作提供更多可能性，以往静态的建筑空间已经无法满足人们的心理和物质需求。本文试图从人对于动态的向往，对建筑空间的可变的追求，以行为心理的建筑交往空间的设想为基础，探索和研究如何设计基于互动技术的动态建筑空间原型模型，并分析其设计和实践的可能性，以期对互动建筑的未来发展提供参考价值。

关键词

    互动技术；建筑空间；数字建筑

1 缘起：数字化时代下的新"动态"

随着时代发展和技术进步，人们对于建筑自身的动态想象从未停止，从游牧时代的帐篷、古罗马时期维特鲁威（Vitruvius）在《建筑十书》中提到的可根据场景变化的库里翁临时剧场（Theatre of Curion）（图1）[①]，到文艺复兴时期意大利建筑师罗伯特·瓦尔图里奥（Roberto Valturio）设计的可伸缩防卫塔，再到工业革命时期，诸多建筑师一直进行着对建筑"动态"化的尝试，其中英国建筑师塞德里克·普莱斯（Cedric Price）设计的可移动的大型建筑综合体欢乐宫（Fun Palace）（图2）最具有代表性，为后续互动建筑（interactive architecture）[②]的发展提供了方向。20世纪60年代阿基格拉姆派（Archigram Associate）的理论，表达了建筑师对建筑与人互动的追求："建筑并非时刻存在或是静止的，而应该随着人们的需求而出现或者消失。"[③]1982年查尔斯·M.伊斯特曼（Charles M.Eastman）提出建筑空间与使用者之间的关系应当是一种整体的反馈系统[④]。使用者对建筑需求的反馈可以控制建筑，使其实现自我调节以适应使用者的需求，即"适应性-条件式建筑"。新媒体艺术的蓬勃发展对互动建筑产生了巨大影响，使其从理论走向了实体建构的实验，交互式体系结构已广泛存在于公共场所、居住空间（房屋自动化[⑤]）、工作空间以及医疗环境，但这些"动态"主要体现在响应自然和可持续绿色建筑中，用以提供更好的气候环境控制性能。安藤忠雄（Tadao Ando）在日本

横滨设计的风之塔（图3），让·努维尔（Jean Nouvel）的巴黎阿拉伯世界文化中心（Institute Du Monde Arabe）（图4），赫尔佐格和德梅隆（Herzog & de Meuron）设计的慕尼黑安联球场（Allianz Arena），都让建筑与风、光、热等物理环境产生了互动。到了2010年，大卫·菲舍尔（David Fischer）设计的迪拜旋转摩天大楼（Dubai Rotating Skyscraper）（也称达·芬奇塔）做到了将可持续发展的理念贯彻到建筑智能化当中……这一切让我们好奇，未来建筑会有什么样的动态或交互可能？因为建筑总是始于有效造，任何对现代建筑文化的思考最终都需要落实在结构使用上，于是我们试图从天花界面入手，做一点关于交互空间的探索。

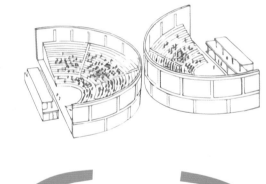

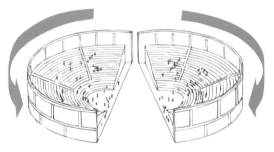

▲图1　库里翁临时剧场（根据文献改画）

来源：PLINY THE ELDER. Historia Naturalis（Mayhoff Edition）[M]. Berlin: De Gruyter, 1967.

---

① 维特鲁威. 建筑十书[M]. 北京：知识产权出版社，2001：111.

② 互动建筑：像人体一样具有大脑、感受神经与自主动作反应，可以感受到人的需要，察觉周围环境的变化，根据环境气候的条件做主动的回应的建筑。

③ COOK P, GREENE D, WEBB M. Archigram2[J]. Archigram, 1962, 1: 12.

④ 虞刚. 适应性空间——过去，现在和未来[J]. 城市建筑，2017，19：3.

⑤ 房屋自动化：现阶段特指智能家居，利用人工智能技术将自动化产品构建到房屋的体系结构中。

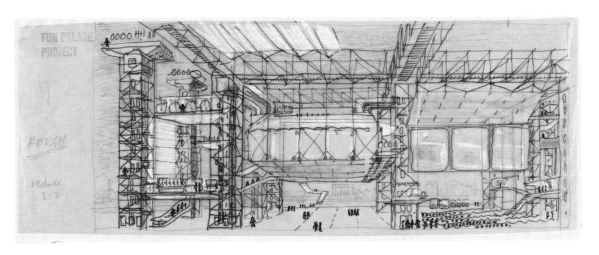

▲图2 欢乐宫剖面
来源：PRICE C. Fun Palace[M]. Montrral: Cedric Price Archives, Canadian Centre for Architecture, 1964.

▲图3 风之塔
来源：ITO T. Toyo Ito 1986—1995 [J]. EL Croquis,1995: 52.

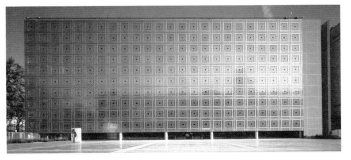

▲图4 巴黎阿拉伯世界研究中心
来源：NOUVEL J. Jean Nouvel 1994—2002 [J]. EL Croquis Editorial, 2002(13)：112-113.

2 探索动态天花设计：可变设计

动态天花是我们对于垂直空间感知和建筑互动的一次研究性实践。信息时代，建筑师一直在探索信息技术和建筑学的结合方式，如以阿基格拉姆小组的插件城市（plug-in city）为代表的未来城市设想（图5）及因弗兰克·欧文·盖里（Frank Owen Gehry）和扎哈·哈迪德（Zaha Hadid）的成名作阿利耶夫文化中心（图6）带来的以数字技术探索自由形态的风潮等。

不过，信息时代对于建筑学本质的触动似乎仍未成规模。建筑与信息技术的结合不应仅是对未来城市或建筑的乌托邦式幻想，更不只是以计算机为单一生成工具而计算得来的形式。技术的进步提高了人们对于生活品质的要求，从而推动了智能家居、感应照明等装置的使用，但就目前而言它们仅作为建筑设计后期的产品独立安装，与建筑设计本身没有太多交集。不过，信息技术提供了一个契机，其即时应变的特点使得动态空间成为未来建筑发展的一种可能方向，我们选择动态天花进行设计就是对这一趋势的探索。由于现阶段建筑发展和技术限制，我们仅做了一个小空间范围内的互动空间，而不是针对整个建筑体系。区别于互动艺术装置，互动空间侧重于与建筑有关的元素互动（如建筑的使用者、建筑内部环境），而不是仅仅营造艺术效果。动态

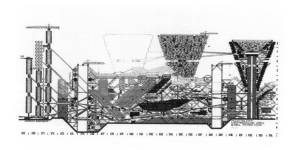

▲图5 插件城市设想

来源：COOK P.Plug-in City: Maximum Pressure Area, project (Section) [EB/OL].（1964）[2020-09-10].https://www.moma.org/collection/works/796.

▲图6 阿利耶夫文化中心（扎哈·哈迪德）

来源：HADID Z. Heydar Aliyev Centre [EB/OL].（2012）[2020-09-10].https://www.zaha-hadid.com/architecture/heydar-aliyev-centre/.

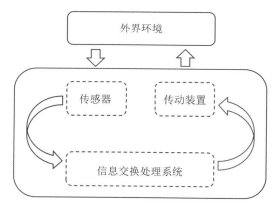

▲图7 动态天花原理图

来源：作者自绘。

▲图8 超声波传感器

来源：作者自摄。

▲图9 Arduino处理器

来源：MONK S. Make: Action [M]. Nottingham: Maker Media, 2016: 4.

天花的设计是希望能将信息技术与建筑设计纳入一体化考虑，使建筑不仅仅是承载这些技术的"容器"。

动态天花的设计背景是位于公共建筑的大空间的吊顶空间，用于取代原有的静止不动的吊顶。公共建筑由于使用人群及使用场所复杂多变，因而十分需要在不同使用要求下有不同的空间限定模式，我们希望设计出可以与人及外部环境互动并自身可以产生高度形态变化的新型公共空间吊顶，以深入我们对建筑心理和垂直建筑空间感知的认识与学习。

2.1 程序与模拟

动态天花由传感器、信息处理系统和机械传动装置三部分组成，互相连动形成完整的感应系统（图7）。现在的传感器基本可以识别到日常生活中事物的基本变化，如人的空间位移、温度、湿度及光线的变化等。动态天花选择的是超声波传感器（图8），因为其精度相对较高且便于捕捉模型人的位置及数量的变化。信息处理系统选择的是Arduino处理器（图9），这是一款用于电子项目建构的开源软件平台，包括微型电路板和在个人计算机上运行的集成开发环境（integrated development environment, IDE）。开发者通过编写简单的代码（图10）并将其传输到Arduino电路板上就可以实现信息的采集、处理以及输出。在机械传动装置方面，有一系列基于Arduino的扩展元件如舵机或步进电机，可以驱动机械装置。这三部分之间由电路系统（图11）进行连接，形成一个可控可变的整体。

"动态天花"装置是一个1.5m×0.81m×0.81m的长方体，从上到下主要分为电路设备区域、互动模拟区域及电池感应器放置区（图12）。互

```
#include<Stepper.h>

const int steps = 500;        // 该参数根据电机每一转的步数来修改
const int sensoramount = 9;
const int stepperSpeed = 300; // 步进电机转速
const int amount = 9;

Stepper stepper[amount]={
  Stepper(steps, 8, 10, 9, 11),
  Stepper(steps, 22, 24, 23, 25),
  Stepper(steps, 26, 28, 27, 29),
  Stepper(steps, 30, 32, 31, 33),
  Stepper(steps, 34, 36, 35, 37),
  Stepper(steps, 38, 40, 39, 41),
  Stepper(steps, 42, 44, 43, 45),
  Stepper(steps, 46, 48, 47, 49),
  Stepper(steps, 50, 52, 51, 53),}; // 步进电机要使用的Arduino的引脚编号

int TrigPin[sensoramount] = {2,4,6,12,14,16,18,20,0};
int EchoPin[sensoramount] = {3,5,7,13,15,17,19,21,1};
```

```
pinMode(EchoPin[p], INPUT); pinMode(TrigPin[p], OUTPUT); }}
void loop() {
  int circleCountArray[sensoramount] = {0, 0, 0, 0, 0, 0, 0, 0, 0};
  //经过逻辑比较，当前最终要转的圈数
  for(p=0; p < sensoramount; p++){
  int distance[amount];//其余电机与感应到人的传感器
  之间的距离，循环每一个传感器是否有人，当有人时，需要判断有
  一个传感器是否有人时都初始化
    digitalWrite(TrigPin[p],LOW);
    delayMicroseconds(2);
    digitalWrite(TrigPin[p], HIGH);
    delayMicroseconds(10);
    digitalWrite(TrigPin[p], LOW);
    objAndSensorDistance[p]=pulseIn(EchoPin[p], HIGH);
    objAndSensorDistance[p]=objAndSensorDistance[p]/58;
    Serial.println(objAndSensorDistance[p]);//输出假人与感应器
    之间的距离值
  if(0<objAndSensorDistance[p] && objAndSensorDistance[p]<10){
    for(i=0;i<amount;i++){
      change[i][0] = scoordinate[p][0] - coordinate[i][0];
      change[i][1] = scoordinate[p][1] - coordinate[i][1];
      distance[i] = sqrt(float(change[i][0]) * float(change[i][0]) +
      float(change[i][1]) * float(change[i][1]));
        if(distance[i]>0 && distance[i]<2){
      circleCountArray[i] = 8;}
    else if(distance[i] > 30 && distance[i]<40){
```

```
const int coordinate[amount][2] = {{0, 0}, {0, 35}, {0, 70}, {35, 0}, {35, 35},
{35, 70}, {70, 0}, {70, 35}, {70, 70}}; // 电机的坐标
const int scoordinate[sensoramount][2] = {{1, 1}, {1, 36}, {1, 71}, {36, 1},
{36, 36}, {36, 71}, {71, 1}, {71, 36}, {71, 71}}; // 传感器的坐标
int p; //传感器标号 int i; //电机标号 int change[amount][2];
int objAndSensorDistance[sensoramount];//假人与感应器之间的距离

int circleCountTempArray[sensoramount] = {0, 0, 0, 0, 0, 0, 0, 0, 0};
//拷贝circleCountArray，上一组的数据
//index 电机编号，circleCount 传入圈数，directionFlag 正转翻转标记，
1 正转，-1 反转
void StepAll2(int index, int circleCount, int directionFlag){
  Serial.print("index=====:");
  Serial.println(index);
  int delayTime = int(1000/stepperSpeed);
  for(int s=0; s<steps * circleCount; s++){
    stepper[index].step(directionFlag);
    delay(delayTime);}}

void setup(){
  // 设置转速，单位r/min
  for(i=0; i<amount; i++){
    stepper[i].setSpeed(200);}
  // 初始化串口Serial.begin(9600);
  for(p=0; p<sensoramount; p++){
```

```
    if(circleCountArray[i] < 2){
      circleCountArray[i] = 4;}
    else if(distance[i] > 45 && distance[i]<55){
      if(circleCountArray[i] < 1){
        circleCountArray[i] = 1; } }
    else if(55<distance[i]){
      circleCountArray[i]=0; }}}
  for(i=0;i<amount;i++){
  //判断当前要转的圈数，是否大于上一组该电机已经转
  的圈数。如果大于正转，如果小于反转
  //按花向上是负的圈数，往下走是正的圈数
  if(circleCountArray[i] - circleCountTempArray[i] > 0){
    Serial.print("rotate+=====>");
    StepAll2(i, abs(circleCountArray[i] -
    circleCountTempArray[i]), -1);}
  else if(circleCountArray[i] - circleCountTempArray[i] < 0){
    Serial.print("rotate-=====>");
    StepAll2(i, abs(circleCountArray[i] -
    circleCountTempArray[i]), 1);//

//拷贝数组
for(int i = 0; i < 9; i++){
  circleCountTempArray[i] = circleCountArray[i];  }
```

▲图10　动态天花程序节选

来源：作者自绘。

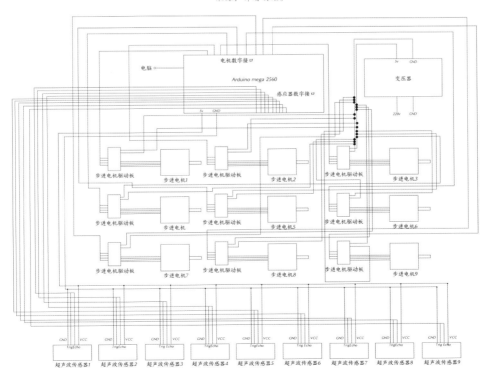

▲图11　动态天花电路系统图

来源：作者自绘。

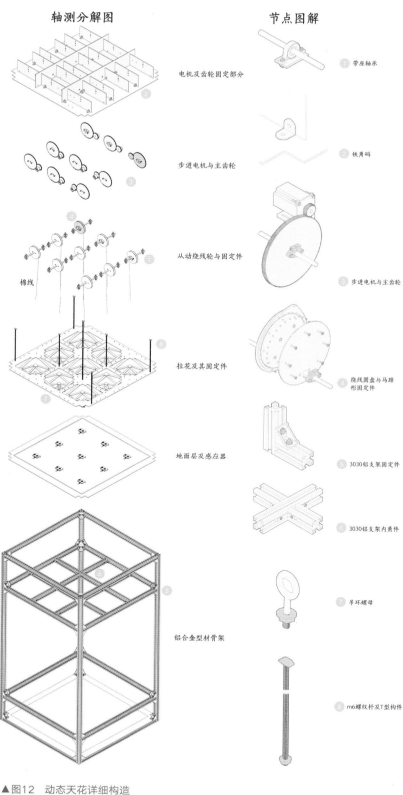

轴测分解图

电机及齿轮固定部分

步进电机与主齿轮

从动绕线轮与固定件

棉线

拉花及其固定件

地面层及感应器

铝合金型材骨架

节点图解

带座轴承

铁角码

步进电机与主齿轮

绕线圆盘与马蹄形固定件

3030铝支架固定件

3030铝支架内角件

吊环螺母

m6螺纹杆及T型构件

▲图12 动态天花详细构造
来源：作者自绘。

动模拟区的天花是由软膜硅胶和有机玻璃组成的可变结构，有9个相同的天花组件对应9个超声波感应器。感应器可以监测到使用人数和人体位置的变化，通过信息处理系统分析处理后控制9个天花组件上下升降。

针对动态天花中的组件的升降运动，我们设计了三种互动场景：一是只有一人时，根据该人的位置，其头顶对应的天花组件便会下降为其限定出单人空间，其应用场景可以是咖啡厅、书店等侧重于单人活动的公共场所；二是小团体聚集时，根据不同人群的位置，相对应的天花组件便会下降限定出团体聚集空间，另外，根据小团体的人数不同，天花组件的下降高度也会有所不同，以创造出不同的空间围和尺度，其应用场景可以是餐厅大堂或是酒店大堂等小范围人群聚集场所（图13）；三是多人同时穿梭活动时，装置自动进入活跃模式，所有天花组件同时有节奏地上下升降，增加了空间趣味性，其应用场景可以是大型公共建筑的入口门厅。

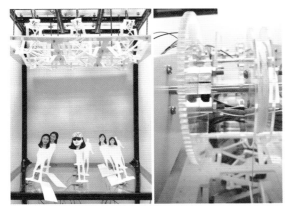

▲图13 动态天花模型照
来源：作者自摄。

2.2 调整与反思

"动态天花"是基于对空间的本质思考，试图从传统的静态空间中走向一种人体活动决定实时建筑空间形态的状态。实践尝试将参与者、行动关系、媒介作为空间创作的基础，呈现一种体验与行为的即时空间感知。但事实上，建筑师运用机械运动来达成建筑空间的变化并非易事，这其中涉及了多个学科知识的综合应用。互动建筑空间本质上要求建筑师将建筑元素的设计转化为大型机械设备的设计，导致从建筑设计到实施的过程有很多不确定性。故本次互动建筑的原型实践存在着一些局限性：

（1）组件之间的联动性。在本装置中，天花组件之间都是相对独立的个体组件，在互动原理设计上并没有形成构件之间的联动，使程序编写及电路连接都变得十分冗杂，同时也不适合在更大尺度的建筑背景下的扩展利用。

（2）材料选择及节点设计。天花组件在材料的选择上及节点设计上略显粗糙，软膜硅胶和有机玻璃的结合并不牢固，天花组件在上下升降的过程中也有不流畅的感觉。事实上，节点设计和材料选择是互动装置设计的重要组成部分，类似于传统建筑里的结构选型。

设计探索中遇到的困难促使我们回过头重新思考建筑学中较为基本的问题。

2.2.1 建筑空间：从静态走向动态

空间，是建筑设计中重要的语汇，19世纪晚期的理论家们已经开始关注建筑动感（kinetic）的问题，其中奥古斯特·施马索夫（August Schmarsow）提出了空间是一切建筑形式内在动力的思想，而这一思想又与其他领域时间–空间理论一脉相承[1]。在19世纪初，时间–空间观念曾以种种方式成为先锋艺术动感空间形式的理论基础，而19世纪下半叶出现的机械发明也强化了上述观念。自此，空间已经成为建筑思维不可分割的组成部分。空间的概念随着现代建筑运动而发展扩充，在现代主义建筑发展百年间，建筑师一直没有停止对空间的探索和实践。在现代主义运动的初期，建筑师更在意空间的纯净与抽象，随着社会的发展，建筑师逐渐从追求静态神性的空间出发而忽略人在场的关系，代之以动态的建筑理念来思考建筑与社会环境及人的关系。20世纪50年代起，许多建筑师通过研究及实践对此提出新的观念与方法。如路易·康的"服务与被服务空间"模式[2]、西萨·佩里（Cesar Pelli）的"脊椎空间"模式[3]、日本的"新陈代谢"理论[4]、荷兰的"支撑体"住

---

① 弗兰姆普敦. 建构文化研究——论19世纪和20世纪建筑中的建造诗学 [M]. 王骏阳，译. 北京：中国建筑工业出版社，2007：92.
② 主张用当代技术来实现当代建筑的形式，反对自由平面。认为建筑的建造系统和空间关系要统一。
③ 建筑中流线系统与开放端形成的脊椎空间，流线组织为设计提供了合乎理性的高效率的组织。
④ 新陈代谢运动是在1960年在日本召开的世界设计大会上提出来的，阐述了城市作为一个有机体，是一个有机进化发展的过程而非静态的过程。

宅①，这些理论与实践的累积与生发，逐渐形成了当今开放建筑的基本理念。在这个体系中，建筑空间的组织形式呈现出动态的主从关联，将环境和人与建筑之间关联起来，使得建筑形成"身体—使用—感知—存在"的社会性。但空间内部依然是静态的。美国建筑师弗兰克·劳埃德·赖特（Frank Lloyd Wright）重新表述了他的导师路易斯·沙利文（Louis Sullivan）的一句名言，他说："形式和功能应该是一体的，并在精神上结合在一起。"这不仅是关于空间功能的叙述，更是对建筑空间的期望。建筑空间应当是使用者自组织的场所，同时也是事件的综合体。以往在探讨建筑空间体验时，建筑师常把建筑空间作为一种背景舞台，舞台是不变的，为人的相遇活动提供一种场所。但是美国建筑师巴克敏斯特·富勒（Buckerminster Fuller）发明的短线穹窿（geodesic dome）结构（图14），为建筑空间的可变提供了一种可能性。伴随工业革命和数字革命，机械的智能化发展已经能够提供相应的基本技术支撑。人们能轻松地获取任何信息，并希

▲图14　巴克敏斯特·富勒和他发明的短线穹窿结构
来源：SIEDEN L S.Buckminster Fuller's Earth [M]. Cambridge: Perseus Publishing, 1989.

望与彼此以及与环境进行通信，从而成为信息的接收者、处理器和媒介。基于这一点，静态的建筑空间在不断变化的环境以及更重要的与用户进行交互的能力方面受到限制，而动态的交互式体系结构肯定了身体与技术之间、主体与空间之间的渗透性，这也与莫里斯·梅洛-庞蒂（Maurice Merleau-Ponty）的现象学论述——主体与空间相关，即身体、感知、视觉、运动和空间的相互交织。可变的智能空间使用新兴的图像、光线、声音，移动和改变建筑空间配置，使人沉入为其中进行的每个活动而创建的氛围中，并且能够在交互中得到投射信息。互动建筑为用户提供了参与整个空间对话的整体情境。

2.2.2　人们的行为与心理：建筑交往空间之互动基础——基于行为心理的空间参与感知

就当今的主流建筑设计方式而言，建筑通常首先由社会历史文脉出发，思考功能空间布局，功能至上，脱离了人的行为心理而进行思考，建筑往往是在孤立的情景、游离在人的活动之外作为一个背景。但是人与建筑的关系，恰恰是通过身体对空间的感知建立，同时空间的基本构成要素也作用于人的身体，影响感知。如今在建筑学界有越来越多的人类的建造活动也是身体触觉体验的一部分，身体在空间的触感影响空间感知，进而将这种空间感知回归到新的建造活动。人作为生物，特征是具有行为、适应性和反应性，而现如今的建筑体系正好在相反的位置上。以材料和功能为主导的建筑结构，很难像生物一样获得及时的反馈和与周围环境自然互动，这种现状在很大程度上是现行的建筑设计和建造方法造成的。随着技术发展和科技进步，人们越来越期待建筑物与周围的自然环境、与人，甚至与周围场

---

① "支撑体"住宅，将住宅分为支撑体与填充体，住宅的支撑体统一建造，户内填充则由住户参与设计。

地开展包括能量（风、光、热能）、信息（自然信息、电子交互）、行为（人、动物的活动状态）等各方面的互动。建筑结构和材料的创新、电子设备无缝嵌入技术的普及和数字化建筑设计进一步促进了建筑物朝着适应互动系统一体化的方向发展。[①]基于此，我们在进行互动建筑探索时，选择交往空间作为切入点，试图基于人的行为心理和身体在场所的行动营造可变的空间（图15）。

2.2.3　交往空间的特性

部分公共空间与私密空间一样，并不利于人们的交往。私密空间是偏向于少数亲密关系的人的独处空间；而公共空间[②]如街道、广场、体育场地，如果不设置一些空间小品，增加人与人产生交集的场所，则往往成为充满干扰源的空间，并不利于人们的交往。而介于私密空间和公共空间之间，利于人们交往的空间，有以下一些特征：

（1）有边界限定的相对封闭的空间，是一个小集体共同占有的领域。在有边界限定的空间更加具有集中性，能促使人与人产生联系，这是交往空间形成的内在原因。

（2）有适宜的交往节点，包括但不限于尺

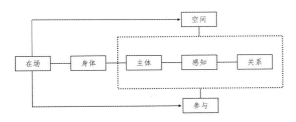

▲图15　基于行为心理的空间参与感知
来源：作者自绘。

度恰当的位置、设施和活动。

（3）有供使用者共享的适当规模的空间。

（4）内聚性的空间布局。以活动性场所和标志物等作为向心吸引源，因此人们在其使用过程中可以产生不同程度的人际交流活动。

（5）能体现用户意愿和社会特征，维护特定的社区文化的环境。满足不同职业、不同文化水平、不同年龄使用者对其外部空间特质、视觉形象及各项功能活动的要求。

根据康波（Comb）和斯尼格（Snygg）的场合交往论（occasional communication），人们的交往总是在一定情境中展开。该理论强调突出特定情境，即特定的时间、场合、人物对人们交往行为的影响[③]。在我们构建的动态交往空间设想中，空间是由人数变化和行动轨迹变化限定的——根据使用人数的不同，空间可以对不同的人数构建限定的包围感以促进交流（图16）。事实上，日常生活中的交往空间对不同地区的人存在着个体与文化差异，即使是同样的人在不同情况下对其需求也会发生变化，有时需要独自待一段时间，有时又需要与他人在一起。因此，想要在不同时间段满足人的私密性与公共性的空间不可能一成不变，这也是我们设想动态包围的互动空间的初衷。

为了满足使用者的不同需求，仅机械地提供两种类型的空间远远不够，建筑师们营造的交往空间常常是在建筑中应不同需求提供从私密到公共过渡的一系列交往空间，但是在技术进步的背景下，可变、可动、可根据使用人数的不同和行动轨迹变化，产生自由组合模式的建筑互动交往空间也许会成为新时代主流。

---

① 虞刚，李力，方立新.摆动的建筑——从可变走向互动的智慧结构[J].城市建筑，2018，16：26-30.
② 公共空间，指狭义范围的公共空间，指那些没有隐私期待（expectation of privacy）供城市居民日常生活和社会生活公共使用的室外及室内空间。
③ 徐从淮.行为空间论[D].天津：天津大学，2005：13-14.

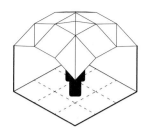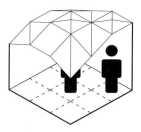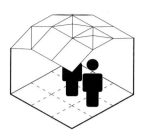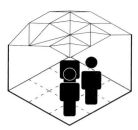

▲图16 动态包围的互动空间设想
来源：作者自绘。

3 结语："纯粹主义"①与"先锋建筑"②

近年来，有不少声音批评那些具有探索性（或试验性）的建筑设计，这些声音囿于"包豪斯体系"③的传统价值观，认为建筑应该回归到形式追随功能的纯粹美学。所谓的"纯粹主义"就是去追求建筑的纯净与美，是理想主义的探索。"先锋建筑"可以是"布扎体系"④下只追求极致造型和最新建造工艺的工艺品，也可以是通过依靠新技术、新媒体转向更多元、更前卫的叙事来唤醒身体感知的新空间。"纯粹建筑"与"先锋建筑"是建筑两种不同方向的探索，本质上都是人类对于空间体验的追求。就如藤本壮介（Sou Fujimoto）曾经在回应作品的艺术性与建筑性时说："对我来说，设计建筑就是如何对人居环境进行空间化这一问题。"⑤但建筑如果一味地停留在自己建构的语境中，就很难创造出新的价值。

就如同现代主义建筑的起源是19世纪初的工业革命带来的全新技术，互动建筑的提出与发展是计算机智能化和工业发展、技术进步的必然结果，也是当代建筑学发展中重要的方向之一。互动建筑的发展更像是在"包豪斯体系"基础上的一次新发展。格罗皮乌斯（Gropius）在19世纪提出，建筑不是孤立存在的，它可以与绘画雕塑融合在一起，"建筑"不仅仅是建筑，还是社会、时代精神和象征意义的核心。对于21世纪的互动建筑而言，技术是工具也仅仅是工具，我们在探寻新技术发展的潜力过程中，建筑依然应是社会、时代精神和象征意义的核心，互动技术是为了使建筑能够更好地与人类、环境产生互动，服务于人类，而不是走向追求技术的极端。如果一味地追求技术极端，那就违背了包豪斯的3个基本观点⑥。

---

① 纯粹主义，由建筑师兼画家勒·柯布西耶和画家奥占芳发展起来的。1920年以后，在柯布西耶的力主下，建筑领域出现了纯粹主义创作。

② 先锋建筑，先锋意味着超前、前卫。先锋的实质在于它从不满足于现行的标准，并且在不断地探索。因此先锋的概念不仅是时间上的概念，同时还具有社会学意义的，既有社会意义上的超前性，还具有形式上的高度实验性。本文讨论的先锋建筑就是具有以上精神实质的建筑。

③ 包豪斯体系，在设计教育方面注重理论与实践，技术与艺术的结合，发展了现代设计风格，强调功能并以批量生产为目的，创立了具有现代主义特征的工业产品设计教育。

④ 布扎体系，也称巴黎美术学院体系，其教学特点是工作室制度，高低年级学生之间互助学习，实践建筑师带领设计教学等。布扎体系最为注重的就是学生的素描等美术功底，并且过于注重形式。由于当时没有太多关于功能的论调，所以形式是一切的中心，也是设计创新的中心。

⑤ 藤本壮介.建筑诞生的时刻[M].桂林：广西师范大学出版社，2013：72.

⑥ 包豪斯的三个基本观点：①艺术与技术的新统一；②设计的目的是人而不是产品；③设计必须遵循自然与客观的法则来进行。

建筑师作为互动建筑的设计者，在这一建筑设计的新领域中，不仅需要有传统意义上的建筑素养，还需要敏锐地捕捉可使用在互动建筑中的先锋数字技术和机械建造信息，在有扎实理论的基础上，有运用新技术和新方法的勇气和试错耐心，也有对建筑全流程建造和技术整体系统控制的决心。相信在不久的将来，互动建筑将以创造性的及时反馈系统和灵活可变的结构体系为人类提供更多富有想象力的空间和更可用的场所。智能化工业革命时代的一种新建筑风格正在形成。

墙体的回应——基于互动技术下的洞口变化研究

Response of the Wall
—— Research on Cave Changes Based on Interactive Technology

周从越　丁褚桦 / 文

摘要

　　在一个限定的空间中，围合面上的门、窗等洞口是该空间与外界产生交互的媒介，洞口的特征往往直接影响内部空间的质量。在数字化技术不断发展的今天，人们对于空间的需求越来越高，固定不变的空间形式将愈发难以满足人们使用与心理上的需求。本文通过基于互动技术①下的洞口变化研究，探讨数字化时代下，墙体对于动态的外界环境及变化的内部需求做出的回应。

关键词

　　互动建筑；空间限定

---

① 互动建筑技术指通过反馈循环的方式，不断调整人与建筑之间的相对状态，以期达到最优的舒适性或特定的空间设计目的。

1 当下面临的问题

1.1 当下原有建筑的困境

随着当代技术的发展，人们对建筑全周期的把控日趋全面和精准。一座静止的建筑面对时刻变化的环境，如何才能做到经济节能高效，已经成为原有建筑所面临的挑战之一。同时，计算机技术及机械技术的突破与结合，给空间带来了更多的可能性，在空间的多样性上，人们也不再仅仅满足于静态封闭的空间形式。

1.2 数字化[①]时代来临

信息时代（information age），价值可能改变其原有的物质的呈现方式。在农业社会或者工业社会，价值与社会生产相挂钩，社会生产力需要劳动力的积累而实现增长，生产力的增长是线性的。工业革命带来的生产力发展只是部分替代人力，改变的是增长的斜率却不是增长的方式，现存的资本制度便是最好的证明。而正在或即将到来的数字技术以及自动化技术等很可能会完全替代人力。在这个去人力化的发展过程中，以往社会阶级中的剥削者很可能不再需要被剥削者，被剥削者赖以生存的基础——劳动力——很有可能会失去原有的价值。时代的发展模式会从此改变，而且这种改变跟以往完全不同。新的技术必然会催生新的需求，而被剥削者很可能会转换到其他行业中，社会的结构很可能会发生变化。由此生产力发展的变化也许是指数级爆炸式的。在物质不再匮乏的时代，价值可能改变其目前以实体物质的呈现形式，信息和知识很可能是未来的

"货币"，是未来价值的呈现方式。

价值的增长不再仅仅是通过劳动力的积累，而是通过知识和信息的交互实现。当下互联网加速了信息存储和获取，改变了社会的交流结构，它预示着全新的信息出现和交流所需的生产运动和社会互动的形式。正如伊丽莎白·格罗兹（Elizabeth Grosz）在《来自外部环境的建筑》（*Architecture From Outside*）（2001）一书中所说："*数字技术通过把所有信息转变成二进制并只利用硅和液晶而改变了信息的存储、循环和获取。这种媒体技术最显著的改变就是对于人们对物质、空间和信息认知的变化。*"[②]这直接或间接地影响了我们对于建筑、居住和建成环境的理解。

在20世纪以来数字化技术快速发展的影响之下，建筑行业发生了巨大的冲击。这场数字化引起的新技术浪潮，不仅仅使建筑师大胆的设计理念与想法依托新技术可能得以实现，更改变了建筑师对于建筑空间的理解和想象。

1.3 数字化技术与建筑

在1946年世界上第一台电子计算机诞生之后，建筑师们便开始思考这种新工具能够帮助建筑行业解决什么问题。在此之后，很多建筑师团体如乌托邦（Utopie）设计小组，豪斯·拉克（Haus Rucker）小组等都对各种新工具的应用展开了探索。

CAD、SketchUp等计算机辅助设计软件以及Rhino、Grasshopper 和 Revit等参数化设计生成软件已经被广泛应用到建筑界。以弗兰克·欧文·盖里（Frank Owen Gehry）和扎哈·哈迪

---

① 数字化指将复杂多变的客观信息转化成可以被计算机识别的数字或数据。
② GROSZ E. Architecture From The Outside: Essay son Virtual and Real Space [M]. Boston: The MIT Press，2001：76.

德（Zaha Hadid）为代表的建筑师将数字化技术创造自由形式发展到了一种新的高度。

"网络世界带来了各种新契机，也导致世界变得愈加破碎和游离。在网络时代，越来越轻的各式可便携设备侵蚀人们的生活工作并占据人们的核心生活状态时，'轻'或者动态将成为建筑的唯一选择。建筑一方面将不得不反对固定和永久……"[1]在新的技术、新的时代条件下，建筑的发展将面临新的选择。面对快节奏的生活、动态的客观环境以及变化的空间需求，建筑将告别传统的固定和永久，走向互动。"互动"建筑也许离我们并没有那么遥远，广义上讲，建筑的互动是指整个建筑系统[2]能根据使用者的需求或者环境的变化做出回应，并解决实际问题，建立人与建筑间更好的联系，满足人的需求。简单来说，自动门的应用也可以认为是建筑互动式的一种体现，而不像很多人以为的那样仅仅停留在形态和空间上。在未来，数字化技术在建筑"互动"上的体现很可能是在很多看不见的方面，像建筑控制、建筑节能和改善建筑环境等方面。

1.4 建筑互动式技术在墙体方面的应用

互动式技术及互动式建筑目前在墙体方面主要是呈现在幕墙等方面，而在结构等方面只有在利用数字技术进行结构优化等方面的实践，并没有达到智能互动的目的。在目前建筑师的实践中，阿拉伯世界文化中心、Son-O-House等建筑在建筑外表皮的实践表明了墙体互动式的可能性。

互动技术应用打破了静态的空间模式，但现阶段主要还是作为辅助性角色出现在建筑的表皮、墙体、地面等部位，只是作为附加物进行局部应用，而原有建筑并未发生根本性改变。随着建筑设计领域的软件和技术发展，在本质上的互动式建筑很有可能被实现。

2 研究思路及方法

2.1 国内外研究综述

国外关于互动建筑概念的研究最早可追溯到20世纪60年代，英国建筑师、建筑思想家塞德里克·普莱斯（Cedric Price）于1961年设计的欢乐宫项目草图中，已经有了将建筑可预制化组装的构想，该项目虽未建成，但其新颖的建筑构想影响了后续一大批建筑师。随着计算机、无线网络、传感器的普及，独立的网格化控制系统成为可能，互动建筑的发展进入一个新的阶段[3]。

国内关于互动建筑的研究开始较晚，主要表现为数字互动装置研究，目前属于起步阶段。21世纪以来相继有一些相关著作及论文发表，例如虞刚教授的《走向互动建筑》[4]一书，系统梳理了互动建筑的发展历史以及互动建筑的几种分类和实例。国内部分建筑院校相继开展了数字工作营以及互动建筑课程设计，对互动装置进行探索；台湾在20世纪90年代即开始了建筑信息化的探索，也更早地开展了人工智能与互动建筑等相关可能的研究。

① 虞刚. 走向互动建筑[M]. 南京：江苏凤凰科学技术出版社，2017：5.
② 包括建筑的各种设备和构件.
③ 王悦. 基于互动技术的建筑空间限定研究[D]. 南京：东南大学，2017：14.
④ 同①.

2.2 历史探索（城市→单体建筑→墙体）

2.2.1 行走城市（城市）

由罗恩·霍隆（Ron Hollon）设计的行走城市（Walking City），是一种模拟生态形态的全金属巨型构筑物，有望远镜形状的可步行的"腿"，可在地球表面一地移动到他地，将新技术美学和个人主义游牧融合起来。可以自由漫游世界，转移到资源或者制造能力需要的地方。并在需要的时候移动城市可以相互连接，形成更大的"步行大都市"，当这种联系不需要时他们便会再次分散开来。

2.2.2 欢乐宫（单体建筑）

1964 年，由建筑师塞德里克·普莱斯和建筑兼工程师戈登·帕斯克（Gordon Pask）合作设计的欢乐宫，核心概念是自我进化式建筑，它先从建筑当前的功能布局形态下得到相应的环境信息，判断并预测，然后告诉建筑如何做出调整来重新适应环境，如此循环。

欢乐宫在白天作为市民中心存在，晚上则可以移动预制模块变成可供工人们休息的场所。建筑内采用外露的钢结构组成了一个个"零件"，除了钢柱和梁外几乎每一部分的结构都是可变的。与其说它是一个建筑，不如说它是"拥有社交性质的互动机器"，它否认了特定功能空间存在的必要性，而更趋向于不确定的空间。

2.2.3 阿拉伯世界文化中心（墙体）

在当代，互动式技术已经被应用到实际建成项目中。在法国巴黎，让·努维尔（Jean Nouvel）将互动式技术以墙体的形式应用到阿拉伯世界文化中心。

建筑的南立面是整齐统一的玻璃幕墙，幕墙背后是不锈钢的方格构架，构架上整齐排列有数百个1米见方的金属构件。从远处看，这些构件组成了阿拉伯清真寺的图案，而走近了看，这些金属构建全都是一个个大小不一的光敏"镜头"帘，"镜头"开合的大小取决于感光器接收到光线的强弱，从而调节进光量以达到舒适的室内空间效果[1]。

2.3 研究对象、原因及意义

建筑通过面的围合，限定出一个特定的空间，而围合面上的不同洞口，提供了进入内部空间的通道，同时决定了空间中的运动模式和用途。因此，墙体上不同的洞口位置、大小、比例、数量，会直接影响墙体的通透性以及空间本身的围合感，从而决定所围合空间的空间质量。

如果墙体一侧空间的环境条件保持不变，那么不同的洞口会对墙体另一侧的人产生不同的空间感受。而现实中人体的舒适度存在一定的范围，环境也并非稳定不变，因此当我们将人的舒适度看作静态要素（常数）、环境看作动态要素（自变量），洞口将成为一种随环境变化而变化的过渡要素（因变量）。由于部分变量难以量化，我们通过定性与定量相结合的方法，归纳出在不同环境因素下满足室内需求的开洞形式，并结合信息时代背景，通过互动式技术重新建立对墙体的认知。在此基础上，将各类开洞形式整合并设计一种互动式墙体。

一个基本的房间可以看作由两个水平空间限定要素与四个垂直空间限定要素组合而成。在本次探究中，将在一个房间的尺度上，以位于垂直空间限定要素上不同的开洞形式作为变量，通过对洞口类型的对比、整合、归纳，探究不同开洞

---

① 王悦. 基于互动技术的建筑空间限定研究[D]. 南京：东南大学，2017：26-27.

形式对室内空间感受的影响。

3 垂直空间限定要素上的开洞研究

3.1 面上的洞口

3.1.1 洞口特征及空间特性

面上的洞口是指洞的4边位于垂直面内，该类洞口通常以一个明亮的形象作为墙面的视觉中心，并且能够组织起围绕洞口的表面元素，予以使用者不同的空间感受。

不同高度及位置的洞口特征：不同高度的洞口适应于不同人群的人体尺度和视线的要求。如不同身高人群的视线位置、不同姿势的人体尺度以及对外界环境不同的视野要求。

不同形状的洞口特征：与墙面形状不同的洞口边缘，将会产生一种丰富的构图模式，在视觉上产生更强烈的吸引作用。

不同尺度的洞口特征：在一定范围内，洞口尺度的增大，将直接促进视线和环境因素的穿透性。当到达一定尺度后，洞口本身将直接成为一个积极要素，主动引导室内外空间进行互动[①]。

3.1.2 洞口对应的墙体分析

1）朗香教堂（La Chapelle de Ronchamp）南面墙体——勒·柯布西耶

朗香教堂的南墙设置有大小不一、位置不同的洞口（图1），属于在垂直面上的多中心构图模式。该墙面使得室内光线照度均匀，明暗分布统一。墙体上的洞口尺寸随着进深而扩大，使室外光线通过衍射作用进入室内，既满足了遮阳需求，也使光线在反射作用下给室内空间舒适的照度。

2）布里昂家族墓园（Brion Family Cemetery）游廊尽端墙体——卡洛斯·卡帕（Carlos Capa）

布里昂家族墓园南北游廊尽头的墙体中，以两个相交的圆环作为洞口（图2），打破了与墙面形状重复的构图模式，使洞口迅速成为视觉中心。相交圆环洞口就像人的两只眼睛，人群在游廊内行进的过程中，抬头便可不断通过交接圆洞看到室外墓园的景象，墙体起到了框景的作用，增强了视线的穿透性。

双交接圆洞根据人体尺度确定尺寸，圆洞直径接近人高，洞底边仅高出地面10cm，人微微探脚即可迈出，暗示着人的通行，使墙面具有很强的通透性。

▲图1　朗香教堂南面墙体
来源：ZCOOL站酷.捕获与未捕获——朗香教堂艺术体验 [EB/OL]. (2017-5-23)[2020-08-20].https://www.zcool.com.cn/work/ZMjE5OTE0NTY=.html.

▲图2　布里昂家族墓园游廊尽端墙体
来源：ArcDog.[ArcDog Film] 布里昂家族墓地 |卡洛·斯卡帕[EB/OL].(2017-12-16)[2020-08-20].https://www.douban.com/note/649286787/.

---

① 程大锦.建筑：形式、空间和秩序 [M].4版.天津：天津大学出版社，2018：160-161.

3.2 角上的洞口

3.2.1 洞口特征及空间特性

角上的洞口是指洞口位于面与面相接的转角上，该类洞口消弭了所处面的边缘，增强了空间的穿透性，通常具有更强的空间引导作用。

在单一面上的洞口特征：该类洞口位于单个面的边角处，相比面上的洞口，往往会引导人的视觉焦点进行转移。在空间通透性上，阳光将会照亮其直接接触的墙面，产生直接的光影，并通过墙面反射提高整个空间的亮度。

在相邻两面上的洞口特征：该类洞口位于两个相邻面的转角处，提高了不同角度光线射入的可能性，可提高整体空间的亮度[1]。

在相邻三面上的洞口特征：该类洞口位于三个相邻面的转角处，在增大洞口本身体量的同时会赋予洞口体块特征，强化虚体空间的立体感，并通过该"虚体"增强室内外的过渡效果。

3.2.2 洞口对应的墙体分析

卡诺瓦博物馆（Museo Canova）展厅的墙体（由卡洛斯·卡帕设计），通过角上的洞口（图3），调节和引导室外自然光进入展厅的光量和方向，让适宜的光线在展品与墙面间自然移动，从而产生柔和的明暗变化，将雕塑艺术的光洁描绘得无比细腻。

内凹的角窗形成一个通透的虚体，嵌入墙面围合成的实体，一下子将其打破，让自然要素不是以"面"而是以"体"的形式进入建筑，极大地提升了室内外空间的穿透性。

▲图3　卡诺瓦博物馆展厅墙体

来源：网易室内设计.斯卡帕作品合集|细部中的诗与艺术[EB/OL].(2019-05-17)[2020-08-20].https://dy.163.com/article/EFBKPKUQ05208JU8.html?referFrom=.

3.3 面间的洞口

3.3.1 洞口特征及空间特性

面间的洞口是指连接相对面的洞口，该类洞口能够冲破空间的界限，超越转角达到相邻空间。

垂直向的面间洞口特征：竖向面间洞口贯通上下两个水平平面，将墙面划分为若干个垂直面，提升内部空间的穿透深度。

水平向的面间洞口特征：横跨墙面的水平向洞口将墙面划分为若干个水平层面，扩大内部空间的穿透广度。[2]

3.3.2 洞口对应的墙体分析

玛利亚别墅（Villa Mairea in Noormarkky）

---

① 程大锦.建筑：形式、空间和秩序[M].4版.天津：天津大学出版社，2018：162-163.
② 程大锦.建筑：形式、空间和秩序[M].4版.天津：天津大学出版社，2018：164.

的起居空间设计有横跨三个面的水平向面间洞口[图4，由阿尔瓦·阿尔托（Alvar Aalto）设计]。洞口尺度很大，已经起到取代墙面的效果，虽然削弱了空间的垂直限定，但它造成了在视觉上扩展空间的潜力，使空间的感觉超出其实际的边界，增强了空间的整体穿透性。

▲图4　玛利亚别墅起居室墙体
来源：雷畅.流水的网红建筑，铁打的阿尔托[EB/OL].（2018-08-22）[2020-08-20].http://www.archcollege.com/archcollege/2018/8/41466.html.

3.4　开洞形式汇总

通过对以上三种形式的洞口探索，总结归纳出各类洞口的位置和形态图（图5）。并在此基础上通过对各类洞口的叠合（图6），得出空间表面上洞口所在位置的可能性。[①]

3.5　小结

不同环境下的不同洞口会指向某种特定的行为需求，而环境在大概率下是一种变量，因此洞口最好能够随环境而变化。通过对各类洞口的整合分析发现，墙面任意一处都存在变动的需求与

可能性。在互动式技术下，墙面存在一种新的可能：墙面可以接受环境的变动而在任意位置上开洞以维持室内的稳定需求。

4　设计尝试

4.1　设计预期效果

不同的环境对应不同的洞口，而在数字时代中，墙面洞口自动随着环境的变化而调节是否可以看作建筑对于环境变化的主动回应？我们旨在探索建筑在结合数字技术后，能否主动地、智能地对变化的环境做出回应，从而达到减少能耗、节省人力的效果。建筑的墙体不管是内墙还是外墙，均有结构意义上的作用，而洞口的变化和动态的特性同结构的固定支撑相矛盾，因此我们的设计将以外格栅的形式呈现。

我们设想设计可能应用到未来对日照或者光线有特定要求的展厅（如未来数字展厅），商场办公楼的外立面或者某些特定的可变的临时空间，以达到减少能耗、节省人力、改善室内光照环境的效果。

现代城市建立在钢铁和混凝土堆砌的基础上，日益变化的城市生活与固化的城市空间形态之间逐渐产生矛盾。随着科技的日益进步，智能化与自动化在各行各业中逐渐普及，建筑空间根据环境的变化而改变逐渐成为一种需求，效仿自然界中植物与环境间的有机反应，"有机"可能成为一种思路。植物同建筑存在一定的相似性，而应激性植物同样与互动式建筑存在极大的相似性，通过对自然界中植物变化肌理的提取，寻找互动式墙体的变化机制与逻辑。

我们尝试在自然界植物的变化中提取变化逻

---

① 程大锦.建筑：形式、空间和秩序[M].4版.天津：天津大学出版社，2018：165.

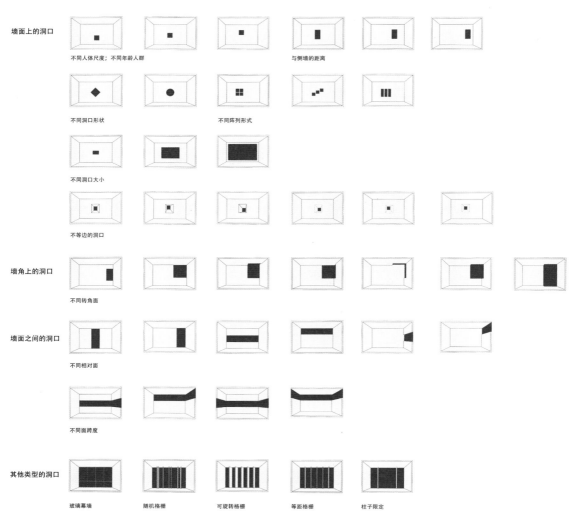

▲图5 开洞类型汇总
来源：作者自绘。

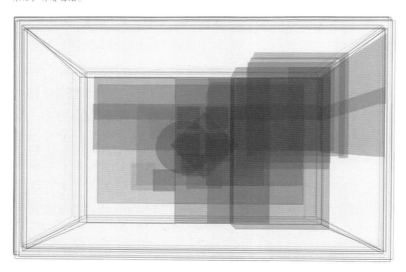

◀图6 洞口叠合
来源：作者自绘。

辑和设计灵感，并尝试提出一种互动幕墙，将形态遇热可变的记忆合金弹簧运用到幕墙的可变构造中。通过改变输入电流的大小和时间来改变记忆合金的热量，实现幕墙节点的形变。我们通过机械构造设计，将原来弹簧的一维形变转变为二维甚至三维上的变化。同时对系统支持多种功能定义，例如让感受器对室外光照敏感，当光照过强时，格栅开口闭合；让感受器对接触物敏感，当人或者其他物体接触墙体时，格栅发生变化，从而实现墙体对人或物的回应。

形状记忆合金（shape memory alloys，SMA）（图7）是通过热弹性与马氏体相变及其逆变而具有形状记忆效应（shape memory effect，SME）的由两种以上金属元素构成的材料。

通过电流改变其温度从而引起弹簧形变，我们通过其性能的研究确定SMA的长度、丝径和直径。利用Arduino编程控制电流输出的大小，从而控制SMA的变化，进而控制互动式墙体的变化。

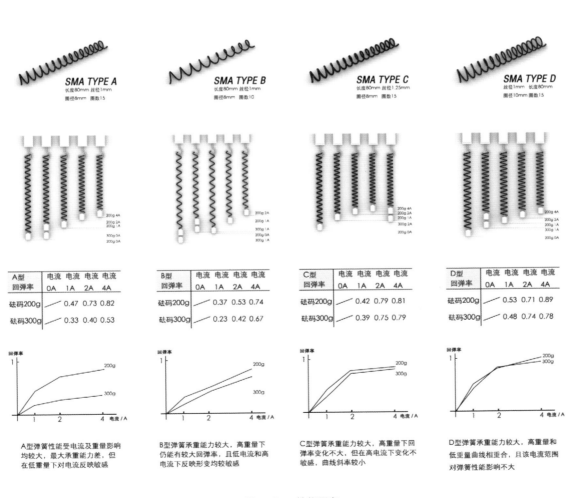

▲图7　SMA性能研究
来源：作者自绘。

4.2 原型探索

基于植物原型，在对于环境的基础反应上，我们尝试了两种互动形态，第一种为墙面自身的折叠形成洞口，第二种为墙面向外展开形成洞口。相比之下，第二种达到的互动性更强，在不占用室内空间的同时，在室外形成空间，与人、与环境达到更大程度的互动。因此，我们选择了第二种作为互动式墙体的原型。

4.2.1 原型1（COMPONENT 1）

基于植物的弯曲特性以及对SMA特性的研究，我们尝试设计动态变化的第一个原型，其主题结构采用复合木板制成，可以根据所通过的电流的大小以及时间进行定量的弯曲变形。

4.2.2 原型2（COMPONENT 2）

在将单体原型组合成墙面的过程中，我们发现，单体原型只能满足水平方向的随意开洞，而不能在垂直方向的任意点开洞，因此我们在原型1（图8）的基础上增加原型2（图9），能满足垂直方向上的移动。两者结合（图10）可以达到在墙面任意处开设洞口。

应用场景展示及模型效果见图11。

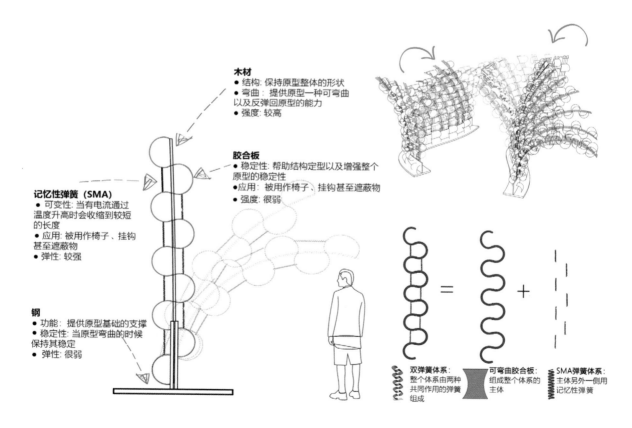

▲图8　原型1分析
来源：作者自绘。

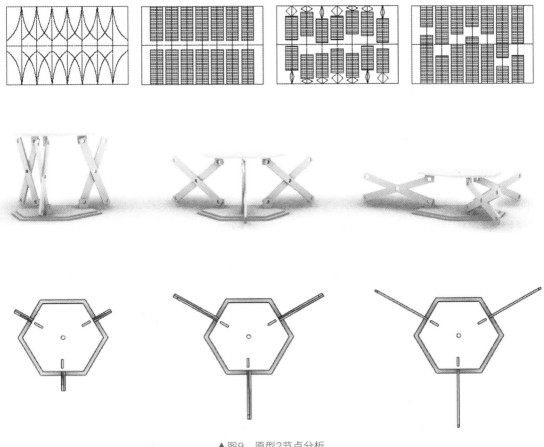

▲图9　原型2节点分析
来源：作者自绘。

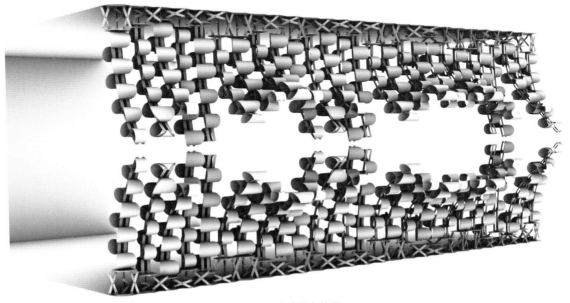

▲图10　节点组合效果
来源：作者自绘。

【应用场景展示】

▲图11　应用场景展示及模型效果
来源：笔者自绘。

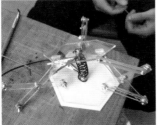

及代码尝试】

浅析语言学视角下屏风的渗透性

Brief Talk of Screen's Permeability with Perspective of Linguistics

夏小燕 / 文

摘要

文章利用语言学相关方法及理论，分析屏风与建筑、屏风与环境的渗透性关系。

关键词

语言学；屏风；渗透性

引言

屏风是我国传统建筑中十分常见的空间构成元素，根据《辞海》的定义，"屏风是室内用来挡风、隔间或遮蔽的用具。"[①] "它历史悠久，最早可追溯到西周，当时称'斧'或'宸'，是我国最古老的家具之一。"[②]屏风历经千百年发展依然在人们的生活中扮演重要角色，为何屏风能永葆生命力至今？由这个问题，我们展开了对屏风的研究和解读。本文将试着从屏风的"渗透性"来解释这个问题。具体什么是屏风的"渗透性"，我将在下文中展述。

---

① 夏征农，陈至立. 辞海[M]. 6版. 上海：上海辞书出版社，2010：1747.
② 赵婷. 屏风：移动的"场"[D]. 北京：中国戏曲学院，2016：4.

1 屏风渗透性的含义

屏风是一种很特殊的家具，其特殊性在于它的主要功能包含了分隔空间和组织空间，而组织空间是建筑设计的核心，因此和普通的家具如桌、椅、床等不同，屏风作为一个可移动的家具的同时，它构成为建筑实体的一部分，与墙体、门窗、屋顶、地板一样，成为一种建筑构件，与其余构件共同表达出建筑的完整含义，具有了"建筑语言单位"的特征（语言通过对各语言单位的有序排列表达出完整的话语意思，建筑通过对各建筑构件的和谐组合表达出完整的建筑含义，因此可以将建筑看作一种语言，而作为建筑构件的屏风则是建筑语言中的语言单位——作者注）。当然，屏风能够参与空间设计只是屏风作为建筑语言的必要条件而非充分条件，否则在室内任意竖立一块挡板，这块挡板均能作为建筑语言，屏风能够成为建筑语言还在于屏风和建筑的统一性，包括风格、形制等，而这种统一性，姑且称为屏风与建筑的渗透性。渗透的本义是指液体在物体中慢慢穿透或沁出的现象，渗透完成后，液体逐渐进入物体成为物体再难彻底分离的一部分。通过观察，我们发现，屏风在处理空间时有一套独特的"语言风格"：在一般建筑中，墙体、地板、屋顶处理空间的方式是隔断，门窗与之相反，是贯通；无论是墙、地板、屋顶还是门窗，它们在处理空间时，存在感都很强，空间因为它们的存在发生了显著变化，而屏风在处理空间时，空间变化没那么绝对，空间分而不离，隔而不断，暧昧不明，我们把屏风的这种特征，称为屏风对周围空间环境的渗透性，这种渗透性让屏风正背面空间产生交互关系。屏风与建筑的影响就如液体的沁出，是微妙的、不知不觉的、

双向的，直至最后屏风与建筑浑然一体，这时屏风已经渗透进建筑，成为建筑的组成部分，获得和墙体等元素同等地位。

为了能把屏风的渗透性这一高度抽象的议题讨论清楚，我们借助语言学的相关理论来阐释。语言学认为，话语在表达含义时有两个重要概念：语义学和语用学。语义学是对语言本身意义的研究，是静态的，我们可以利用语义学来讨论屏风自身所具有的渗透性，这种渗透性体现在屏风与建筑的统一性，包括风格、形制等的统一。语用学研究语言在具体语境下的意义，是动态的，我们可以用语用学来讨论屏风在具体使用环境下，促使环境产生交互关系的特性。

2 语义学视角下屏风的渗透性

"语义学对语言各级单位本身固有的意义进行研究。主要研究范围包括符号的意义和不同语言单位之间的关系。"[①]一个完整语句由字词以及字词间的逻辑关系组成。如果我们把一个建筑看作一个完整的句子的话，那么屏风、墙、门窗等建筑构件就是这个建筑语句中的"字词"。一个句子要让人理解，最重要的不是每个字词的意义，而是字词间的逻辑关系。同理，一个建筑要获得认可，最重要的不是各个建筑元素自身，而是这些建筑元素之间的匹配关系，比如虽然西方建筑中的柱式气势恢宏，但依然没办法运用到中国同样讲求气势恢宏的宫殿庙宇建筑中，因为一个建筑艺术性的高低取决于各个建筑元素之间的融合程度，即统一性。因此，建筑中的屏风与其余元素之间的关系，呈现出一种渗透关系，既独立又属于建筑整体，而这可以分别用语义学下的隐喻和转喻概念来阐释。

---

① 胡壮麟.语言学教程 [M]. 5版.北京：北京大学出版社，2015：14.

根据罗曼·雅各布森（Roman Jakobson，1896—1982）的语言学理论，隐喻关系基于相似性原则，转喻关系基于相关性原则。在隐喻关系中，A与B存在某种相似性，A可以用来暗示B的某项特征，例如在"建筑是城市的骨肉"这句话中，"骨肉"对于人体的意义暗喻了建筑对于城市的重要性程度。屏风相对于建筑内其他建筑构件如墙、门窗等而言具有隐喻功能。在室内装修设计中，为使建筑整体风格协调统一，屏风的材质、风格、图案等一般会与室内家具及建筑构件相配合，人们可以根据屏风的特征推测其余建筑元素的特点。

例如，图1的髹金漆大屏风就足以暗示其上屋顶的形式。髹金漆大屏风雕满龙纹，专为皇帝而设，置于髹金漆龙纹宝座之后，和宝座一起为皇帝限定一个至高无上的空间，供每日会见朝臣时使用。这就表明该屏风所处的建筑政治等级制度最高，那么建筑上的屋顶必定是重檐庑殿顶，事实上，髹金漆大屏风位于故宫太和殿内，太和殿屋顶确实就是重檐庑殿顶。现代室内装修设计，尤其是中式风格的装修设计中，设计师经常利用屏风对建筑元素的隐喻关系，加强设计元素的协调性。

此外，脱离建筑语境的室外屏风也会对周围环境的某一要素进行隐喻，使之更好地融入自然。例如，图2《梧阴清暇图》中，屏风上绘制的山林图案与屏风前的树木相得益彰。又如图3马和之《孝经图》第十三章中，侍女前屏风上的山水画与周围的林木假山相映成趣。

正是由于屏风与各建筑元素间存在某种相似性，屏风与它们的关系才能如此紧密，而屏风与各建筑元素间的紧密关系又衍生出屏风与建筑整体的紧密联系。

屏风与建筑整体间还存在转喻关系，这点在政治等级制度高的建筑中体现尤其明显。转喻关系基于相关性原则，即A与B存在某种关联，A可以让人联想到B，甚至可以用A指代B，例如政治新闻中常用白宫指代美国政府。具体到建筑和屏风之间的关系时，需要明确两者不是容器和容纳物的关系，而是整体和部分的关系：屏风是建筑的一部分，屏风的形制与建筑的类型或风格存在

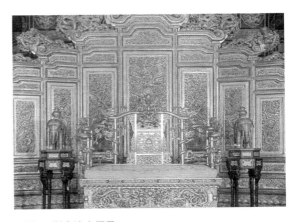

▲图1　髹金漆大屏风
来源：王世襄. 锦灰堆：王世襄自选集[M]. 上海：生活·读书·新知三联书店，2013：162.

▲图2　佚名《梧阴清暇图》
来源：张志民. 中国绘画史图鉴：人物卷（卷四）[M]. 济南：山东美术出版社，2014：3.

▲图3 马和之《孝经图》
来源：邓嘉德.宋高宗书孝经马和之绘图册[M].成都：四川美术出版社，2010：6.

紧密关联。例如，上例中位于故宫太和殿内的髹金漆大屏风，故宫太和殿是封建帝王每日接受朝觐的地方，是政治等级最高的建筑，而该屏风无论在图饰设计(雕有龙纹)、造型尺寸（7扇式）、还是摆放方式（放置在髹金漆龙纹宝座之后，为统治者限定一个至高无上的空间）都与太和殿的型制和政治意象高度适应，这种适应性让这个屏风可以在某种程度上代表太和殿，当我们表达"我要去太和殿"时，即使我们说"我要到髹金漆大屏风那去"，对方也能领会我们的意思。

事实上，转喻的类型多种多样，其中屏风与建筑间存在部分代整体的转喻关系。当然，并不是所有的部分与整体间都存在明显的转喻关系，只有当部分与整体间高度统一时转喻关系才存在，部分才能指代整体。

同样以太和殿举例，"我要到重檐庑殿顶下去"远不够表达"我要去太和殿"的含义，即使重檐庑殿顶确实是太和殿的特征之一，因为虽然重檐庑殿顶在我国传统建筑中，是等级最高的屋顶形式，但也并非皇家专属（如高等级文庙也常采用该屋顶形式），无法完整传达出太和殿的政治含义。髹金漆大屏风相比于重檐庑殿顶，指向性更加明确，不仅是皇家专属，甚至还精确到专供皇上使用，而太和殿是皇帝每日接受觐见的地方，是皇帝的专属领域，因此髹金漆大屏风与太和殿之间在政治意向上存在高度统一性，也即髹金漆大屏风对于太和殿的渗透性，这种渗透性让髹金漆大屏风成为太和殿中最具代表性的建筑元素。

3 语用学视角下屏风的渗透性

语义学视角下，我们对屏风渗透性的研究着眼于屏风与建筑整体和各元素之间的关系，研究范围局限于建筑内，而语用学视角下屏风的渗透性研究更加宏观。语用学在语言学中的定义是："研究语言的使用或语言交际，与语义学相比，语用学增加了语境的概念。"[①]

日常会话中，要完整理解对方的意思表达，除了要理解话语本身含义之外，还要考虑到当时的语境。成语"言下之意""弦外之音"就是参考语境之后得出来的话语中的深层含义。同样，我们对屏风渗透性的探讨也不能局限于建筑本身，还需要考虑屏风与环境的关系，而这环境包括可见的物质空间与不可见的意识世界。相应地，屏风的渗透性在具象层面体现为屏风可以和谐融入周围空间环境，而在抽象层面，则体现为屏风承载的文化象征意义可以映射社会文化以及人的精神世界。

3.1 屏风对空间环境的渗透

屏风对空间环境产生的渗透关系主要包括两个方面：空间渗透和视觉渗透。屏风的空间渗透体现在划分隔而不断的空间。我国古代建筑，尤其是宫殿庙宇等建筑，室内空间跨度大，高度高，空间组织相对空荡松散，屏风可对室内空间进行二次划分。屏风划定的空间具有相当大的弹性，分区的两处空间都留有"余地"。

屏风可以分隔空间，也可以通过半围合的方式限定空间。屏风限定的空间主要有L形与U形两种，如图4和图5所示。屏风划分出的是客观物质空间，也是人的心理空间。从环境心理学角度而言，每个人都有寻求个人空间、私密空间的心理。"人们对于空间的利用总是基于接近'回避的法则'。即在拥有足够安全感的前提下，尽可能地接近周围环境，以便更多地了解它。"[②]

屏风的空间渗透功能让更多的空间使用者有机会拥有自己的半私人空间。当空间划分只有墙参与的时候，限定的空间数量少，单个空间大。而屏风可以对墙限定好的空间进行二次空间划分，在较大的空间中，根据需要将空间灵活地划分成更小更私密的私人空间。由于屏风划定的空间具有很强的渗透性，因此屏风在划定小空间的时候并不会破坏大空间整体。

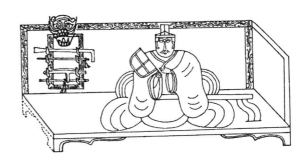

▲图4　L形屏风
来源：孙机.中国古代物质文化[M].北京：中华书局，2014.

▲图5　顾恺之《列女仁智图》
来源：顾恺之.列女仁智图卷[M].北京：人民美术出版社，2014.

---

① 胡壮麟.语言学教程[M].5版.北京：北京大学出版社，2015：14.
② 华勇.从屏风看环境心理[J].艺术教育，2005（3）：105.

▲图6 顾闳中《韩熙载夜宴图》（局部）（一）
来源：中国历代绘画作品集粹[M]. 北京：人民美术出版社，2017.

另外值得一提的是，除了水平向，屏风还可以在纵向上对空间进行划分。水平向划分的空间都是以墙限定的实空间为母空间，划定出各个子空间。空间层次只包括主空间与次空间两个层次。而在面积允许的情况之下，屏风可以继续对屏风划定的虚空间进行层层划分，不断加深中心空间的领域感和私密性，此时空间层次更多，包括主空间、N个等级依次降低的次主空间、次空间。

屏风对空间的渗透除了体现在划定隔而不断的空间，很多时候也体现在屏风的装饰性上。许多画面意蕴悠远的屏风是作为空间背景而存在的。以顾闳中的《韩熙载夜宴图》局部举例（图6），画面左边是一位弹琵琶的女子及其右的山水屏风，这个屏风的作用就是一面背景。

屏风上的山水画在视觉上让弹琵琶的女子仿若在自然山水中弹奏，增添意境，引人遐想。画面右边是床榻周围的山水屏风，从观者角度看，床榻上休憩的人仿若置身在山水意境中，更添闲适之感。画面左右两侧的屏风让画面中心的人物虽身处室内，但在视觉上被自然背景包围，给人置身自然的错觉。这样的情况下，物质空间的局限被打破，实际的物质空间与虚拟的想象空间通过屏风这一"传送门"进行交接。

屏风对空间的渗透引申出屏风的视觉渗透。屏风在分隔空间的同时，也将观看者与观赏对象分隔开来。相对于密不透风的墙，屏风在注重"挡"的同时也很关注"看"，屏风会通过多种方式增加双方空间的可视性。例如，局部多做镂空雕花处

▲图7 顾闳中《韩熙载夜宴图》（局部）（二）
来源：中国历代绘画作品集粹[M]. 北京：人民美术出版社，2017.

理，材质选择具有一定透明感的蒙布，使划定的内外空间产生光线互通。屏风内外空间具有可视性，但是人透过屏风可见的视野并不完全，具有窥探的效果。窥探是屏风完成视觉渗透的主要方式。类比屏风分隔空间时的隔而不断，屏风在遮挡大部分视线的同时对视线又有一定的引导作用。

屏风可在水平向与纵深向两个维度限定物质空间，同样，屏风也可以在水平扩展和纵向延伸两个方向引导视线。下面以三幅著名画作为例讨论屏风对视线水平与纵深的引导。

3.1.1 屏风对视线的水平扩展

顾闳中的《韩熙载夜宴图》（图7）中对于屏风的视觉引导与窥看效果有很好的阐释。《韩熙载夜宴图》中画面分四段独立场景，每段场景的连接处都设置有屏风，屏风分隔场景同时又是场景连接的媒介。屏风在界定空间的同时，起到承前启后的作用。

屏风能承担这一重要角色就在于其视觉渗透特征。在第一个场景中，如图8所示，画面中一女子从屏风后探出身子窥视宴会，女子视线投射在第一个场景中，但是自己是处于第二场景的，通过女子跨场景的窥视，第一、二场景巧妙连接。在第三与第四这两个场景之间，如图9所示，画面中第三场景的男子与第四场景的女子两人透过屏风视线交互，完成了第三场景的结束与第四场景的开启。

▲图8　顾闳中《韩熙载夜宴图》（局部）（三）
来源：中国历代绘画作品集粹[M]. 北京：人民美术出版社，2017.

▲图9　顾闳中《韩熙载夜宴图》（局部）（四）
来源：中国历代绘画作品集粹[M]. 北京：人民美术出版社，2017.

3.1.2 屏风对视线的纵向延伸

在五代南唐画家周文矩的《重屏会棋图》（图10）和元代刘贯道的《消夏图》（图11）中，屏风成为空间层层叠加的构成介质。《重屏会棋图》中描绘南唐中主李璟与其三位弟弟下棋的情景，四人身后屏风上绘有白居易《偶眠》的诗意，屏风上人物身后又有一扇山水小屏风。《消夏图》中，画中人卧榻休憩，榻后有一屏风，屏上绘有一幅书斋内景，而书斋之内又绘有一山水屏风。这种景中套景，屏内套屏的构图方

▲图10　周文矩《重屏会棋图》
来源：历代名画宣纸高清大图[M].苏州：古吴轩出版社，2014.

▲图11　刘贯道《消夏图》
来源：刘建轩.宋画小品精粹评注·人物卷[M].杭州：西泠印社出版社，2020：1.

法，有力地推进了空间的纵深感。画中的屏风是一种界框，是分隔与连接画面各个图像的物体。画面中通过层层屏风框架，使空间相互遮挡，错位与叠加，在有限的空间中营造出具有层次感的视觉效果。原本一览无余之处，因为层层屏风的设立，空间纵深感加强，人的视线可以透过层层屏风探寻到最隐秘的空间。

3.2　屏风的文化象征意义

与墙体、地面等建筑元素相比，屏风作为一种操作性强、灵活性大的建筑符号，有机会承载多种象征意义，如礼制象征意义与精神象征意义。语言学中象征是指以具体的事物体现某种特殊含义。屏风所承载的象征意义让其在抽象层面使使用者的认知世界与物质世界相渗透。

3.2.1　宏观上屏风对于社会具有礼制象征意义

先秦时期，屏风在大部分的语境中，是以一种礼仪场合的象征符号出现的。礼制下屏风划定的空间在政治意义上具有强烈的等级差异。在国家政治活动的重要场合中，屏风与其他的礼器为统治者营造出庄严的政治空间。在这样的空间中，屏风象征着统治者的权利与地位，对人的心理形成映射。

屏风能承载深厚的政治象征意义与屏风的物理渗透性不无关联。屏风具有弹性大的空间划分作用，能够对既定的建筑空间进行二次划分。无论在户外的祭祀场合还是在室内的朝堂之上，都需要统治者与被统治者同时出现在同一空间中。为彰显统治者的权威，必须通过某种方式将统治者所在空间与剩余空间区别开来。而屏风由于其在划分空间时隔而不断的特征正好能为统治者限定权威空间，同时不改变该空间与剩余空间的连

续性。当屏风被赋予政治含义时，屏风限定的两侧空间不只是物理空间中内与外的位置关系，更是政治意义上高与低的等级关系。如图12中的明穆宗画像，皇帝身后为一三折玉屏风，与天子座位一起为皇帝限定出了一个政治意义上至高无上的空间。该空间具有极强的领域感，但是丝毫不阻碍皇帝与大臣之间的交流，这是屏风渗透性优势的体现。

▲图12　《明穆宗像》
来源：巫鸿. 重屏：中国绘画中的媒材与再现 [M]. 文丹，译. 上海：上海人民出版社，2009：3.

3.2.2　微观上屏风对于个体具有精神象征意义

相对于其他建筑构件而言，屏风艺术发挥空间更广。屏风上可根据使用者的诉求以雕刻或者绘画的方式增添各类图案。在文人墨客的心中，屏风是一个表达自己内心诉求的理想宣泄口。中国历代文人重情于山水，喜好自然，相应地，山水画是文人屏风最早的绘画母题。山水屏风这一绘画母题折射出主人公内在的思想情趣，与人形

▲图13 王齐翰《堪书图》
来源：吴启雷.中国绘画经典鉴赏·画中有话[M].上海：上海科学技术文献出版社，2014：72.

成一种相互对照的关系。例如，王齐翰的《勘书图》（图13），画中主要人物是一位文士，画面中心是占据主要画幅的山水屏风和屏风前面的茶几。屏风上画的是一幅全景式的青山绿水，画中意象包括屋舍、田庐、林木、桥梁、小舟、远山等。我们可以推测，屏风上的山水画也许正是画中人内心世界的渴望，即抛开眼前的琐事纷扰，去山野之中寻找一片净土。

屏风对主人公精神追求的隐喻让屏风这一物件成为人内心世界与现实世界的交汇口，人的精神状态借此得以宣泄，主人公的内心世界通过屏风转换成现实世界中的具象物体，相应地，物质世界中的具象物体借屏风这一媒介进入人精神层面的抽象世界，内心世界与现实世界在屏风这一物件上产生交互关系。

4 小结

前文已指出，建筑是一种特殊的语言。本文借助语言学相关理论，将屏风视作一个建筑语言单位，研究屏风的渗透性特征。屏风作为一个建筑语言单位，与其余建筑构件（即建筑语言单位）一起，表达出一个建筑的完整含义。而屏风对于建筑含义的表达，集中体现在它与建筑及环境的渗透性。在我们梳理屏风渗透性特征并组织成文的过程中，作为研究手段的语言学起着至关重要的作用。因为屏风的渗透性特征是一个复杂的概念，其中牵涉因素广泛，稍有不慎，对这一议题的研究就会流于表面，泛而不深。而根据语言学的理论脉络缓缓展开对屏风渗透性特征的多层次、多维度的研究可以有效规避这一问题。总体而言，屏风的渗透性包括两个方面：一方面是屏风与建筑的统一性，这是从语义学的角度而言的，屏风与建筑元素以及建筑整体间存在统一性；另一方面是使双方事物产生交互关系的能力，这是从语用学的角度而言的，屏风可以让划分的两边空间相互渗透，也可以让物质世界与精神世界相互渗透。或许正是屏风的渗透性，让屏风在千百年的历史长河中屹立长存，至今依然得到广泛应用。

建筑基面与其形成的场所

Base Plan of Architecture & the Place It Forms

邵嘉妍 历佳倪 杨淑钏 / 文

摘要

本文以建筑基面为研究对象，探讨其历史文化意义，同时借助现象学（phenomenology）[①]的视角，重新建立对"基面"的认知。在此基础之上，总结出基面设计的一些要点。

关键词

建筑基面；现象学；场所精神

引言

我们在描述一个建筑时，常常会描述它立面构成的图像、屋面的视觉造型、内部的墙面触感等。建筑作为存在于三维空间中的实体，是由它的各个面的特征、互相之间的关系所限定和表达的。

但是如同我们无法摆脱地心引力一般，建筑中的基面——直接与人类活动相接触却常被忽略的部分，则一直都有着丰富的表意，与人类的社会、文化、历史有着密不可分的关系。

基面可以是地面，它既是建筑形式的有形底座，又是建筑的视觉基面；基面也可以是底层楼板平面，它形成了底层房间的闭合表面，成为我们直接接触的、供我们活动的表面[②]。我们把基面作为研究对象，希望借助现象学的视角，探讨其历史文化意义，从而重建对基面的认知，并理解由其形成的"场所精神"。

---

① 现象学：现象学是 20 世纪在西方流行的一种哲学思潮。狭义的现象学指 20 世纪西方哲学中德国犹太人哲学家 E. 埃德蒙德·胡塞尔（E. Edmund Husserl, 1859—1938）创立的哲学流派或重要学派。其学说主要由胡塞尔本人及其早期追随者的哲学理论所构成。广义的现象学首先指这种哲学思潮，其内容除胡塞尔哲学外，还包括直接和间接受其影响而产生的种种哲学理论以及 20 世纪西方人文学科中所运用的现象学原则和方法的体系。（来源：百度百科"现象学"词条）

② 程大锦. 建筑：形式、空间和秩序 [M]. 3 版. 天津：天津大学出版社，2008：19.

1 现象学理论的启示

1.1 建筑现象学

现象学起源于哲学运动，作为一种思考方法用来对意识的结构和内容进行描述。现代主义之后，语言学家费迪南德·德·索绪尔（Ferdinand de Saussure）开创的"结构主义"（Structuralism）是20世纪下半叶最常用来分析语言、艺术、文化与社会的研究方法之一。人们普遍用结构主义的方法对建筑进行评价，即一种"逻辑的、理性的思维方式"，强调建筑在图形、空间结构等各个要素上所具有的逻辑关系，但同时建筑个体本身的生动性也容易由此丧失。现象学弥补了"缜密逻辑"带来的人文缺失，强调对处于建筑中人的感知和体验，把建筑理解为人存在的立足点、生活世界中的场所。

根据研究点的不同，现象学主要有两大流派：马丁·海德格尔（Martin Heidegger）的存在主义现象学以及莫里斯·梅洛-庞蒂（Maurice Merleau-Ponty）的知觉现象学。建筑学家克里斯蒂安·诺伯格-舒尔茨（Christian Norberg-Schulz）在海德格尔的基础上发展出了建筑现象学场所理论，从场所、场所精神、场所结构、"中心"等建筑自身要素出发，强调建筑中与人相关的场所感。

舒尔茨认为，建筑置身城市，无法脱离周围环境而存在，而人作为此在，是唯一能去思考"在"的主体，场所的内涵取决于人，因人的体验和感受而显现。对于任何存在的空间，人都在进行体验和感知，这种初期印象即为认同感，是人对于既定场所产生的感受。在认同的基础之上，人逐渐对一些建筑和空间熟悉起来，而产生方向感。归属感是人对场所最高程度的认可，不仅与场所本身相关联，还往往包含个体和集体记忆、文化历史倾向等第三者因素，因而使场所表意更加丰富，形成某种场所精神。

1.2 研究框架

基面作为建筑中与人类活动直接相关的构成部分，与现象学理论所强调的"人"的认知、感受和体验有着紧密关联。其中由舒尔茨所发展出的场所理论主要关注建筑形成的场所具有的内涵、结构和精神。舒尔茨认为场所的结构可以包含两部分，即空间结构和特性，前者是客观存在，后者根植于人的感受变化，最终由第三者介入而产生不同的场所精神。我们对基面的分析和研究也将基于这三大部分（图1）：

（1）基面形成的空间结构（认知层面）——通过对限定基面的空间边界、中心、路径等要素进行分析，获得客观层面上人对此空间的认知；

（2）基面限定空间的场所特性（感知层面）——通过解读其整体形式、不同材料的组织、人的心理感受（如感到开放或私密等），获得对此空间更为感性的认识；

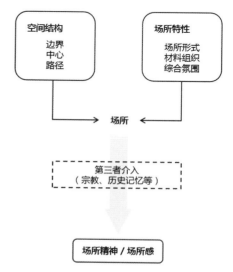

▲图1 研究结构图
来源：作者自绘。

（3）场所精神的形成——场所理论中最重要的即是最终因第三者介入形成的场所精神，在这一部分中，将结合上述两部分的分析，并加入对所分析基面空间的区域文化、宗教心理、个体和集体记忆等的分析，进一步解读该空间所形成的特殊场所精神。由此也可以窥探到同一种类型的基面形式是如何与其他非建筑要素发生关系并产生丰富的各具特色的效果，这也是我们借助现象学理论所期望最终达到的成果。

2 基面形式与形成的场所

2.1 基面的基本形式

2.1.1 空间性质（认知）

在人的认知中，边界感的形成很大一部分来源于基面，其余一部分则可能来自顶面或墙面对空间的限定。在基面限定的空间中，最重要的就是"边界"，具体可以表现为在其表面和周围区域的表面之间，在色彩、明度和质感上往往会有可以感知的变化。

清晰的边界会限定出确定的空间，比如基面上的铺地变化可能直接与人的活动（或停留或行走）相对应，但有时候在基面的设计上，通过模糊边界则会产生特殊的效果。

上海保利大剧院的露天亲水平台和剧院内部的地面采用同一种木板材质，同时亲水平台的形状与建筑立面上的孔洞恰好一致，从而对剧场的室内空间的限定做出了模糊化处理，并且成为室内的大台阶空间上的延伸（图2）。这一空间因此显得较为暧昧，但同时却是与人的活动相关联的——在台阶上观水景的人与在亲水平台上的人互相照看，并且在人的动线上是完全连续的。

2.1.2 场所特性（感知）

在场所的营造上，方形、圆形、椭圆形等不同几何形的基面对人的感受产生不同影响。

最古典的做法是通过方形和圆形的组合划分出不同的用地范围，比如凡尔赛宫花坛（图3）的基面处理，就是基本几何形的组合，来布置绿化、人行以及人停留的场所。这种基面的形式在

▲图2 上海保利大剧院水景圆形剧场空间
来源：作者改绘，原图来源自网络。
原图来源：（上）猫眼看世界wys.上海保利大剧院[EB/OL]. (2016-04-19)[2020-08-10]. http://dp.pconline.com.cn/photo/list_3633669.html.
（下）LIGHT-UP.看建筑大师安藤忠雄如何用几何构成诠释建筑艺术|上海保利大剧院建筑设计[EB/OL]. (2016-11-03)[2020-12-11]. http://lightup.test.whweb.net/article/show/id/365.html.

▲图3 凡尔赛宫花坛
来源：程大锦.建筑：形式、空间和秩序 [M]. 3 版.天津：天津大学出版社，2008：105.

古代的中国和西方都有大量的案例，往往体现场所的庄严性。

文艺复兴时期的罗马卡比多市政广场（图4），基面的形式采用椭圆形的放射状花瓣的形式。广场主建筑物是参议院，两侧分别是档案馆和博物馆，正中为罗马皇帝马库斯-奥瑞利斯骑马青铜像，地面的几何图案把它统一在建筑群的构图中。同时，档案馆和博物馆建筑并不是正对的，都向内倾斜了一个角度，形成一个等腰梯形的广场，烘托出广场主建筑和罗马皇帝像的高大。基面的几何图案起到了修正透视的作用，这也是文艺复兴时期对"人"的关注的体现——这也与现象学所强调的"此在"相契合。

BIG事务所设计的哥本哈根超级线性公园（图5）则是另一种非常规的处理手法，基面采用流动的曲线造型，充满方向和动感的曲线对人行路径做出了引导。曲线的疏密变化，在基面上分割出人停留、运动以及绿化的空间，使得整个场所既活泼又灵动。

基面通过变化材质，来限定出人群活动的不同空间。

对材质的运用上，最初便是人通过在自然中建造人工化的地面来区分出人"可栖居的空间"，林中小屋是人类在自然中营建的最初形态。随着人类社会的发展和城市的形成，公园、花坛、庭院等自然要素重新介入，承担装饰和美化的功能，并创造丰富的公共空间。在杭州湖滨路步行街（图6）的设计中，就是以不同尺度和形式的绿化

▲图4　罗马卡比多市政广场
来源：寻常设计Usual Studio. 意大利旅游有什么不能错过的美食与建筑？[EB/OL]. (2018-07-16)[2020-12-11].https://www.zhihu.com/question/56073354/answer/443670241.

▲图5　BIG事务所设计的哥本哈根超级线性公园
来源：Eva. 丹麦哥本哈根超级线性公园 Superkilen Masterplan by BIG[EB/OL]. (2017-03-10)[2020-12-11].http://www.ideabooom.com/7512.

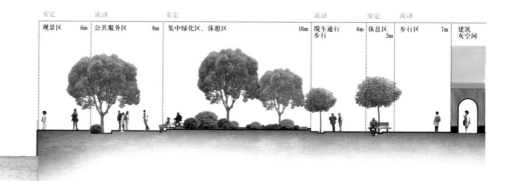

▲图6　杭州湖滨路步行街剖面图
来源：作者自绘。

（点式、面状等）限定出不同层次的公共空间。

水体在基面的设计中也是运用极多的自然材质。如印度胜利之城，在人工湖上的平台构成一处特殊的场所，周围环绕皇帝起居与就寝的宫殿。水体由于其自身的属性，常在各种文化中象征着神圣、圣洁，营造出庄严的场所氛围。

室外空间的基面，常见的是广场、街道、园林、建筑群的间隙等，多种人工材质通过组合来限定出人活动的范围。人工材质的性质也决定其应当被用在什么位置。坚硬光滑的石板往往用在人流快速通过的路径中；卵石则往往结合绿化和公共设施的布置放置于人停留、公共交流的场所；木板等更加亲人的材质则往往放置在水体、绿化等自然要素的周边作为一种过渡。室内基面也是基于各种材质特性的不同而进行组织的。坚硬光滑的大理石等石材给人以严肃、公共的感觉；毛毡、地毯等则给人柔软、安全、私密、惬意的感觉；而木材是与人和自然都联系密切的材料，有着很强的亲和力，给人舒适、温暖的感觉。

而在某些情况下，对基面的材质选择会有一些非常规的处理，以期达成特殊的场所效果继而产生特定的场所精神。

如德国吕贝克的汉萨博物馆（图7），建筑整体材质是当地的红砖，在室外基面的材质选择上，却采用了一种在城市中也并不常见的浅色石材，配以几何化的图案，而这种用法往往在室内才会采用，这里却反其道而行之用在室外。与之相对应的则是其室内的铺地却采用外立面的红砖材质，使得墙面和地面一体化了。

这种室外与室内基面材质戏剧性的互换，产生了非常显著的场所效果。从室外看去，浅色的基面仿佛一个展台，而建筑主体就被放置其上，显得小巧精致；而在室内，基面又与红砖墙面一起营造出古典的氛围，配上暖黄的灯光，使人仿佛穿越回汉萨同盟建立的时代。

2.1.3 基面的局限性与演变

空间结构——边界感，与场所特性——形式的选择、材料的组织等构成了由基面所限定的空间产生场所精神的必要条件，但场所精神的产生往往是由多种非建筑因素共同作用而形成的。在历史和现实中，基面自身在设计上存在很多局限性。

由于高差的处理没有介入，因此基面自身的空间结构较为单一，除了由自身形式和材质变换产生的边界与路径之外，缺少中心感或者围合感等更加立体化的体验，而导致人的感受更多地停留在平面层面，对于基面的设计也更多是图案化的处理。比如上文提到的罗马卡比多市政广场，基面的花纹的确起到整合空间和修正透视的作用，但是场所感的产生离不开建筑的围合和偏转；再如杭州湖滨路步行街的设计，基面绿化的布置划分出公共空间的层次，但如果没有高大乔木的限定，也很难产生好的空间体验。

而高差的介入可以打破这一局限性而创造出更为丰富的空间。由此基面可以根据高差介入的不同方式演变为基面抬升和基面下沉两种状态（图8）。

▲图7　德国汉萨博物馆室外（左）与室内（右）地面
来源：作者自摄。

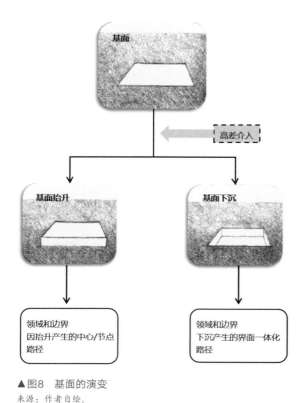

▲图8 基面的演变
来源：作者自绘。

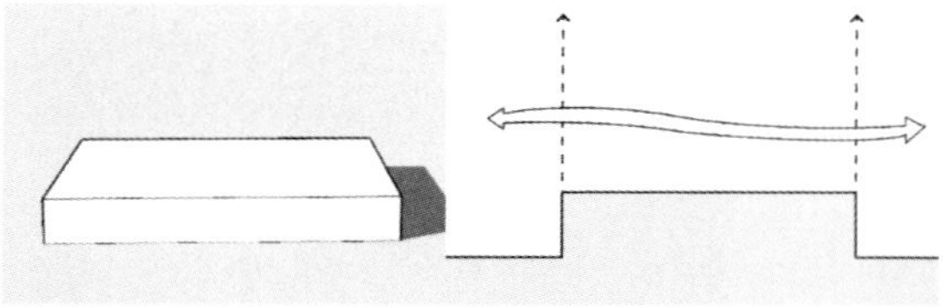

▲图9 基面抬升
来源：作者自绘。

▲图10 坡地实景
来源：碗里有勺子. 山地[EB/OL]. (2017-06-16)[2020-12-11].
https://huaban.com/pins/1191585494/.

2.2 基面抬升

从根本上讲，地面支撑着所有建筑结构，但基地的气候条件、地面的地形特征及其他因素都影响着其建筑形式。抬高基面的一部分，将在更大的空间范围内创造一个特定的空间区域[①]（图9）。

2.2.1 自然地形原型

坡地（图10）是个"面"的概念，非平整性是其主要特征。被抬升的建筑相对于平地建筑可拥有良好的视线与景观优势，这是一种心理上的感受和五官的享受。同时，建筑的私密性与开阔度会增加，有利于空气流通与采光。

2.2.2 案例——雅典卫城

将一个水平基面从地面上抬高形成一个平台或墩座，可以使其高于周围环境并强化其形象，突出与地面的区别，强化领域感。其空间感是隐形的，是通过所筑的台面和台面下部四周侧壁来限定的。

中外有很多宗教建筑都建造在高台上，从而营造一种崇高的氛围，如帕提农神庙、朱比特神庙等。

除此之外，还有许多宫殿也是建造在高台上的，如太和殿、保和殿等，有些甚至可能不是单一建筑基面的抬升，而是建筑群的抬升，如雅典卫城（图11）。

① 程大锦. 建筑：形式、空间和秩序 [M]. 3版. 天津：天津大学出版社，2008：106.

▲图11 雅典卫城

来源：陈志华. 外国建筑史 [M]. 3版. 北京：中国建筑工业出版社，2009：51.

1）空间结构

雅典卫城的主要建筑都布置在卫城边缘，呈现一种看似自由灵活的布局形式，不同于中国古代建筑的群体通过严格对称布局来强调中轴线所营造威严壮观的气势。雅典卫城通过独特的布局方式，使在山下的人都可以清楚地看到建筑，形成视觉中心，以此产生卫城的存在感以及对其的压迫感。

基面限定空间的范围。基面越高，领域的围合感就越强，且场地竖向界面越高，领域感也就越明显。因此，雅典卫城80m的相对基面高度，边界明显，其领域性和防御性尤其突出。

雅典卫城的入口只有一个，位于西侧的山门，基面与外部环境通过多段台阶连接。在基面大尺度抬升所形成的竖向基面作为背景下，台阶的引导性极强，即使有些台阶是侧向设置，但丝毫不影响整体的强引导性，将视线汇集在神庙的廊柱立面上。

2）场所特性

建筑物的基调是可以通过设计的尺度来体现的，尺度的差异将人带入不同的感受范畴中，小

的尺度能够感受到一种亲切感；相反，大尺度可以给人崇敬、壮丽的感受。雅典卫城的尺度东西长约为280m，南北最宽处约130m，高于四周平地70～80m。[①]同时，由于其建造在实体构成的基面上，更凸显巨大尺度，给人一种神圣、庄严的感觉。

雅典卫城的主体建筑布置在卫城的边缘，即使是最为重要的帕提农神庙也不是布置在几何中心（图12）。出于视觉效果的考虑，卫城的建筑采用不对称的空间形式，使人们在台基下都能看到卫城建筑，感受其宏伟。卫城的建筑体量大小不同、形式风格各异，但为了保证统一性，各单体建筑又在一定程度上彼此和谐呼应，从而形成一个主次分明的建筑群。

基面抬升形成的竖向界面，大多时候的使用者是他人，包括在视觉与使用方面。在竖向界面上的装饰可以被人欣赏，竖向界面可以被人倚靠休憩，可以作为某项活动的背景墙，当然这都与抬升的尺度有关。而雅典卫城基面抬升所形成的界面同时具备以上功能。同时，靠近界面的地方也是更容易产生交流的场所。

就材料而言，雅典卫城是由大理石构成的建

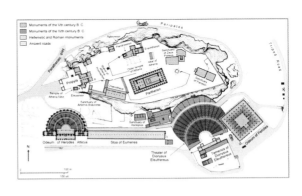

▲图12 雅典卫城平面图

来源：Dr G.Papathanassopoulos. Map of the Acropolis of Athens in Socrates and Plato's time[EB/OL]. (1998–12–30)[2020–08–10].https://www.plato-dialogues.org/tools/acropol.htm.

---

① 陈志华. 外国建筑史 [M]. 3版. 北京：中国建筑工业出版社，2009：49.

▲图13　标号的大理石
来源：辽宁旅游. 雅典卫城来源：天衣无缝的石头建筑[EB/OL]. (2018-03-21)[2020-12-11]. https://www.sohu.com/a/226023837_349327.

▲图14　泛雅典娜节场景
来源：豆瓣. 与苏格拉底晨跑[EB/OL]. (2014-03-07)[2020-12-11]. https://www.douban.com/group/topic/49865335/.

筑群，所以又被称为"石城"，且每块石头都被打上了标号（图13），可见花费了大量人力、物力资源。

雅典卫城作为古希腊综合性的公共建筑，是宗教政治的中心地。其布局按照进行宗教活动的进程路线来组织，是神圣的；基面抬升的大尺度也体现其庄严、壮丽，以及其对于一座城、对于人们的重要性。

3）场所精神

在雅典卫城中，有独立的雕塑，有带有丰富雕刻立面的建筑，雕刻和建筑交替着出现。其表达的是对守护神雅典娜的崇拜这一宗教主题，渲染了卫城建筑群所要表达的情感氛围。

同时，由于公共活动的需要，许多庆典会在卫城中举行。泛雅典娜节（图14）就是古希腊宗教节日之一，是雅典人为了祭祀雅典护城女神雅典娜的诞生而举行的庆典。另外，雅典卫城的存在也象征着一种阶级差异。在雅典卫城最初建成的爱琴文化时期，因为其具有良好的防御性功能，用以保护奴隶主贵族和城邦平民的安全。贵族们平时就住在这座山上，有外敌入侵时，山下的平民也来到山上，整个山就可以作为一个固若金汤的城池。

2.2.3　案例——范斯沃斯住宅

范斯沃斯住宅（图15）是密斯在1945年为美国单身女医师范斯沃斯设计的一栋住宅，坐落在福克斯河右岸，房子四周是一片平坦的牧野，夹杂着丛生茂密的树林，以大片的玻璃取代阻隔视线的墙面，成为"看得见风景的房间"。

1）空间结构

由于基地位于未被开发的低洼环境中，旁边的河流在冰雪融化的时候会冲出堤岸，水位上涨，故通过架构的方式将建筑基面抬升，类似为了防潮而采用吊脚楼的处理手法。边界为外墙面围合所形成的竖向投影。

两个矩形基面通过台阶进行连接，侧向进入

▲图15　范斯沃斯住宅
来源：ISA GIALLORENZO. Looking Back: The Farnsworth House Story[EB/OL]. (2019-10-23)[2020-12-11]. https://design.newcity.com/2019/10/23/looking-back-the-farnsworth-house-story/.

入口平台，居住部分呈矩形，沿一方向展开，两者在第二个平台进行转接，所以中心应为转折之后所到达的平台（图16、图17）。

2）场所特性

基面抬升的形式往往与场地条件有直接关系，此处是需要避免受到水位上涨的影响。通过板的形式架构在草地上，通过台阶到达，与屋顶形式相呼应，使建筑整体轻盈，呈现一种漂浮感。通过加强水平方向的延伸感，塑造了一种轻松、飘逸的体量，与自然相融，是一种平静安逸的建筑氛围；大平板是舞台的延伸，产生更多的可能。

在材料方面，柱子使用的是工字钢，暴露于空中的结构都被漆成了白色；建筑立面主要采用透明的玻璃幕墙将室外自然风光引入室内；其余

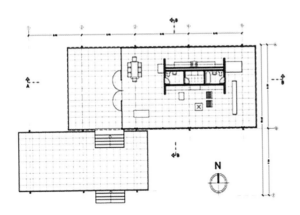

▲图16 范斯沃斯住宅平面图
来源：Estampes. 关于营造的当下杂谈[EB/OL]. (2018-08-30)[2020-12-11]. https://www.douban.com/note/688401677/?type=collect.

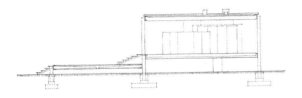

▲图17 范斯沃斯住宅剖面示意图
来源：程大锦. 建筑：形式、空间和秩序 [M]. 3版. 天津：天津大学出版社，2008：110.

结构部分采用混凝土；基面采用大理石，严丝合缝，同时，与建筑主体材料色颜色相呼应，体现纯净、素雅（图18）。

3）场所精神

这样的建筑及环境，会形成一种美好的场景：鸟鸣声声，潺潺的河水荡漾，微风吹拂而过，阳光洒入玻璃盒子中，仿佛置身于大自然的怀抱，使人心情舒畅、释然。四季变化，景色不一，每天都是不一样的体验，是一种时间的流逝与万物的变化。

2.2.4 基面抬升不同要素对空间效果的影响

基面一旦抬升，其空间效果就会处于一个不断变化的过程，最终呈现出特定的空间效果。其必然会受到不同因素的影响，比如抬升的形式（表1）、高程变化的尺度（表2）、高程转换方式（表3）等。不同因素所产生的空间效果不一，但即便是同一因素的不同方式也可能产生不一样的空间效果，给人不同的空间感受。

1）抬升形式的不同

地面或斜坡本身也可以经过处理而成为某一建筑形式的基座，可以抬高以对某一神圣或重要场所表示尊敬；可以筑路围堤来限定室外空间；可以架空来缓解因为受到气候原因所面临的防潮防虫问题。填方所形成的基座较为牢固坚实，工艺大多较简单；架构平台所需材料小，程序相对复杂，稳固性一般。

▲图18 范斯沃斯住宅材料示意图
来源：作者自绘。

表1　基面抬升形式对空间效果的影响

抬升形式	示意简图	实例	空间效果
填方		八孔寺内的山庙，柬埔寨	在坡地的中部或者顶部进行填方，在顺势地形的同时进行一定的人工处理，具有较强的方向性；但填方过多，则可能引起山体承载能力不足的问题，影响稳定性
		朱比特神庙，罗马	在平地填方将基面抬升，形成四周实现的汇聚点；实体基面体现建筑的转中，强调领域性，与周围环境做明显的区分
架构平台		出云大社，日本	适用于体量较小的建筑，一般抬升高度不高；基面抬升可能与场地条件有关；基面以下的空间可利用；建筑整体显得轻盈
		吊脚楼，中国	对场地的影响小；由于稳固性相对较差，一般不采用此种方式

图片来源：程大锦.建筑：形式、空间和秩序 [M].3版.天津：天津大学出版社，2008：109.

2）高程变化的尺度大小

基地抬升可以修成台地，为建筑提供一个合适的平台突出建筑的重要性，或者修成阶梯状，可以变化高差又便于跨越，但台阶的缓和程度不同也会产生不同的空间效果；坡道作为一种最为缓和的转换方式，最大限度消解高差，但停留性较差，所以不同高程转换方式需要根据不同建筑性质与尺度选择。

3）高程间的转化方式

随着高程的增大，空间与视觉连续性变差，在可达性上需要借助楼梯、坡道等交通方式。人与人之间的关系也从平等转化为不对等，让人不亲近。但在到达一定程度后，空间性质改变，可转化为功能空间使用。

2.3　基面下沉

使基面的一部分下沉，可以在较大的背景中分离出一块空间区域。基面下沉（图19）形成的垂直表面则形成该区域的界限。这些界限是可见的边缘并开始形成空间的墙。[1]

---

① 程大锦.建筑：形式、空间和秩序 [M].3版.天津：天津大学出版社，2008：112.

表2 高程变化尺度对空间效果的影响

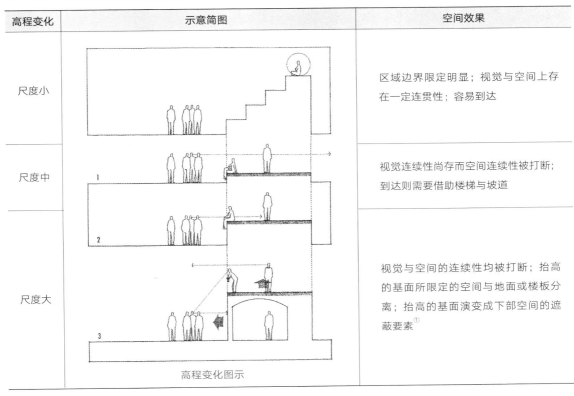

高程变化	示意简图	空间效果
尺度小		区域边界限定明显；视觉与空间上存在一定连贯性；容易到达
尺度中		视觉连续性尚存而空间连续性被打断；到达则需要借助楼梯与坡道
尺度大		视觉与空间的连续性均被打断；抬高的基面所限定的空间与地面或楼板分离；抬高的基面演变成下部空间的遮蔽要素[1]

高程变化图示

图片来源：程大锦. 建筑：形式、空间和秩序 [M]. 3版. 天津：天津大学出版社，2008：107.

表3 高程转换方式对空间效果的影响

转换方式	示意简图	空间效果	
台阶		具有连续性与引导性，基面高差被消解，压迫感减小；可变化高差，便于跨越，强调其连续性	适用范围广，但达到一定高度要设置多段台阶
			适用于场地较大的建筑
坡道		具有连续性与引导性，基面高差被消解，无压迫感；适用于抬升高度较小的建筑	
台地		强调领域感；突出地位、重要程度；需要通过辅助交通，可达性较差，有距离感	

① 程大锦. 建筑：形式、空间和秩序 [M]. 3版. 天津：天津大学出版社，2008：107.

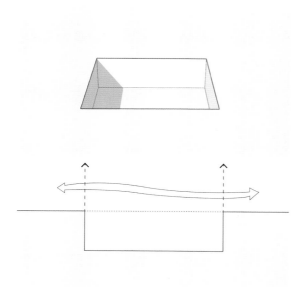

▲图19　基面下沉示意图
来源：作者自绘。

▲图20　某盆地实景图（一）
来源：CHIABRANDO P. Green and brown mountain under white clouds and blue sky during daytime[EB/OL]. (2020-06-09) [2020-12-11]. https://unsplash.com/photos/dJKMCnePmzg.

▲图21　某盆地实景图（二）
来源：NARD L. Aerial photography of town on mountain foot during daytime[EB/OL]. (2017-11-27)[2020-12-11]. https://unsplash.com/photos/XBlQKgzwghk.

　　基面下沉形成的下沉空间在建筑及城市设计中有着广泛的运用，本节选取中国豫西下沉式窑院和洛克菲勒中心下沉广场两个案例研究基面下沉的不同空间效果。

2.3.1　自然地形原型

　　基面下沉在自然地形里的原型之一就是盆地（图20）。

　　小尺度的盆地成为建筑学意义上的下沉空间，大尺度的盆地则可孕育一个城市（图21）。

2.3.2　案例——中国豫西下沉式窑院

　　黄土窑洞，是中国历代劳动人民在长期生活实践中，认识、利用、改造黄土的智慧结晶[1]；是一种极具地域特色的民居建筑类型。窑洞受自然环境、地貌和风俗习惯等影响产生了各种形式，下沉式窑洞（图22）是其中一种。

▲图22　下沉式窑院手绘图
来源：李乾朗. 穿墙透壁剖视中国经典古建筑[M]. 桂林：广西师范大学出版社，2009：349.

---

① 侯继尧，王军. 中国窑洞[M]. 郑州：河南科学技术出版社，1999：3.

1）空间结构

基面下沉，形成了围合空间。下沉的基面成为窑院空间竖直方向上的下限边界，上限无边界。四面拦土墙是基面下沉形成的垂直表面，为水平方向上的边界。空间结构的边界非常清晰。

下沉式窑院的中心为院心庭院，占据大部分的下沉基面。

下沉式窑院的路径分为三部分：入口、窑门前路面和庭院。

下沉式窑院的院内地面由窑门前路面和院心路面组成。窑门前路面可以理解成普通建筑的台基面，具有过道性质的尺度，具有一定的引导性。中心庭院也是一种交通空间，但不具备方向性。

窑院入口形式（表4）丰富多样，一般设置在院落角上，挖出一条坡道通向地面。

2）场所特性

（1）尺度

下沉窑院平面一般为边长9m的方形平面，院落下沉6～7m，四面各挖两个窑洞。

窑院空间宽高比$H/D \approx 1$，水平视线至窑壁顶部的夹角为45°。这种尺度能同时看到整个空间环境和建筑细节；围合空间带来安全感但不会感到过于压迫，空间尺度宜人（图23）。

（2）界面

我们将下沉式窑院的界面理解为窑院四面墙以及入口空间。

具体界面元素如下。

① 窑脸（图24）。即窑洞的正立面，窑脸特殊的构图造型可以反映出拱形结构的受力逻辑和门窗的装饰艺术。

② 拱头线（图24）。沿窑洞拱形曲线外缘所做的装饰处理。

③ 门窗。

④ 女儿墙。窑洞的女儿墙是防止窑顶人畜跌落的维护构件[1]。

⑤ 门楼。窑院的门楼（图25）一般是重点装饰的部位。门楼相当于传统民居建筑的宅门，可

表4 下沉式窑院入口类型

注：S为入口通道的平面形状，t为入口和天井院的高低差，U为入口通道和天井院的位置关系，V为入口通路的剖面形式。引自日本东京工业大学青木志郎、茶谷正洋教授等的《中国黄河流域窑洞民居研究》。

来源：侯继尧，王军. 中国窑洞[M]. 郑州：河南科学技术出版社，1999：26.

---

① 侯继尧，王军. 中国窑洞[M]. 郑州：河南科学技术出版社，1999：46.

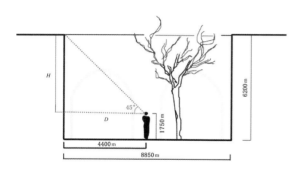

▲图23　某下沉式窑洞剖面分析图

来源：梁一航.乡村旅游导向下关中下沉式窑洞民居空间更新研究来源：以永寿等驾坡村为例[D].西安：西安建筑科技大学，2017：66.

▲图24　窑脸和拱头线

来源：少伟.北京四合院，真没你想的那么贵！[EB/OL].(2019-01-08)[2020-12-11].https://kuaibao.qq.com/s/20190118A0L1CW00?refer=spider.

▲图25　各种门楼

来源：梁一航.乡村旅游导向下关中下沉式窑洞民居空间更新研究来源：以永寿等驾坡村为例[D].西安：西安建筑科技大学，2017：71.

以反映住宅主人的财富和地位、权势等。

（3）庭院布置

下沉式窑院（图26）院心地面低于路面20cm。宅院中间经常栽植梨树、苹果树、石榴树等吉祥树种。庭院中还设有一口水井和渗水井。

（4）材质

窑洞是生土建筑的主要类型之一。生土建筑，是指以地壳表层的天然物质(如岩石或土壤)作为建筑材料，经过采掘成型、砌筑建造的建筑物或构筑物。[①]其他各构件的常用做法有：

①女儿墙：土坯、砖砌花墙、碎石嵌砌。

②门窗：多为木质结构。

③勒脚：砖砌。

④路面：黄土层或用砖铺漫。

（5）氛围

下沉式窑院有它多样独特的氛围。下沉空间使村庄（图27）掩藏于地下，产生与世隔绝的安全感；四合院的场景使窑院散发出一股浓厚的生活气

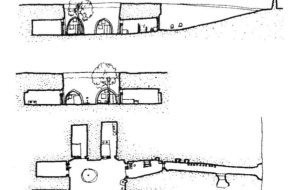

▲图26　典型下沉式窑院

来源：侯继尧，王军.中国窑洞[M].郑州：河南科学技术出版社，1999：23.

---

① 马成俊.下沉式窑洞民居的传承研究和改造实践[D].西安：西安建筑科技大学，2009：32.

▲图27　地下窑洞村落
来源：日本　八代彦克摄.

息；本土的装饰和材质既有一种充满乡土气息的厚重感，又体现了黄土高原劳动人民的浪漫情怀。

3）场所精神——民居文化

下沉式窑院是一种中国传统民居建筑类型。

（1）天人合一思想

下沉式窑院因地制宜，在顺应自然的条件下，将无尽的自然资源黄土作为建造住居的基本材料，且与黄土高原的自然面貌完美地融合在一起，日常农耕生产也离不开自然土地，体现了劳动人民对"天人合一"的哲学追求。

（2）等级秩序思想

合院住宅是中国传统民居的典型特征，其空间结构秩序往往体现着家庭成员的长幼尊卑。下沉式窑院平面规整，方位布局讲究，具有典型的秩序格局。

（3）风水文化

风水文化可以体现古代人民在长期的生产劳动过程中对大自然的理解和态度。

下沉式窑院作为一种极其依附自然的传统民居，其居住形式、朝向、入口大门方位都受到风水文化的影响。

（4）生态优势

窑洞聚落在现代看来显得简陋与穷困，但是它的营造只需要最简单的工具和少量的财力，且居住起来冬暖夏凉。

黄土的隔热特性和热惰性使窑洞室内白天凉爽，夜间也有宜居的温度；下沉空间有效隔绝了外界污染和噪声，开敞的院落又能引进充足的阳光和雨水，形成良好的气候环境。"低投入、低能耗"的黄土窑洞才是真正的生态建筑（图28）。

2.3.3　案例——洛克菲勒中心下沉广场

洛克菲勒中心（图29）位于美国纽约曼哈顿岛中部，是由19座商业大楼构成的商贸金融中心。

洛克菲勒中心广场建成于1936年，一直以来都被公认为美国城市中最有活力、最受人欢迎的公共活动空间之一。[1]

1）空间结构

洛克菲勒中心下沉广场，是由基面下沉后形成的围合空间。基面为广场地面，是空间竖直方向上的下限边界，四周的垂直表面为水平方向上的边界。

广场的中轴线尽端，是金黄色的火神普罗米修斯雕像和喷水池，它们成为广场的视觉中心。

洛克菲勒中心下沉广场与地面层通过垂直交通连接，除此之外，还有典型的地下步行道系统，与中心其他地下空间连接，成为大量行人流通的空间。

2）场所特性

（1）平面布置

洛克菲勒中心下沉广场的面积约为2000m^2，下沉深度为4m。

---

① 夏祖华，黄伟康.城市空间设计 [M].2版.南京：东南大学出版社，2002：76.

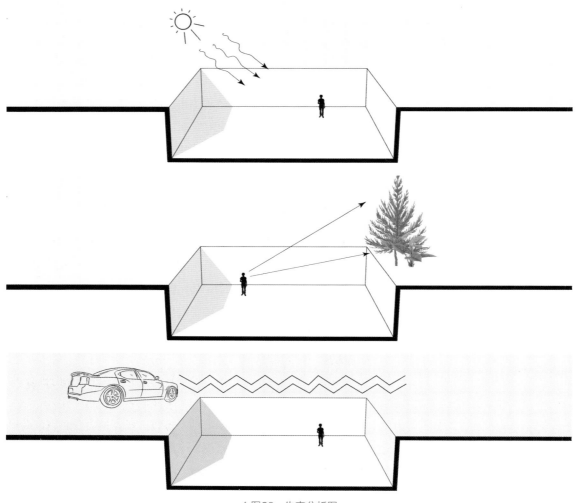

▲图28　生态分析图
来源：作者自绘。

▲图29　下沉广场，洛克菲勒中心
来源：程大锦.建筑：形式、空间和秩序 [M].3版.天津：
天津大学出版社，2008：115.

在夏季，广场内部会布置许多咖啡座椅和凉棚，冬季则被布置成滑冰场（图30）。

（2）家具与小品

① 旗帜。广场四周插着联合国各个成员国的国旗（图31）。这些旗帜使下沉空间的违和感更加强烈，从文化意义上说也成为广场一道标志性的景观。

② 喷泉与雕塑。

③ 座椅与遮阳棚。

④ 灯光。夜晚时候，广场的雕塑、喷泉、地面，四周的树木、建筑，都会被装饰上绚丽的灯光（图32）。

▲图32 广场夜晚实景
来源：纽约君.纽约攻略|新一轮时髦追街大推荐[EB/OL]. (2016-
11-01)[2020-12-11]. http://www.anyv.net/index.php/
article-840596.

⑤ 广场周围。洛克菲勒中心高楼林立，下沉广场则是高密度城市空间中的喘息之处，吸引了大量的人流。

广场周边（图33、图34）是各种花圃，与街道之间形成带状街心花园，里面设置了座椅、景观、小品，市民在此休闲娱乐的同时，可以看到广场内部的景象。

⑥ 氛围。放松休闲的栖息地；联合国旗帜飘扬的城市和平绿洲；四周高楼林立不乏商业商务气息；餐厅、座椅、滑冰场、绚丽装饰等使之成为年轻人的娱乐聚会狂欢场。

3）场所精神——城市商业空间中的下沉广场

在高楼林立的洛克菲勒中心里坐落着一座面积不大的下沉广场，集商业、商务、娱乐、休闲、集会等功能，成为整个洛克菲勒中心的灵魂（图35）。

下沉广场连接了地上地下商业，使各个部分的商业流通性更大。下沉广场强烈的违和感带来安定感，加上设置座椅，使人们愿意停留下来，从而刺激消费行为，带动商业片区活力。

洛克菲勒中心具有典型的地下步行系统，其交通设计是基于商业逻辑展开的。下沉广场与中心其他建筑的地下空间相连通，搭配多种交通方式，从各个方向轻松引入人流。

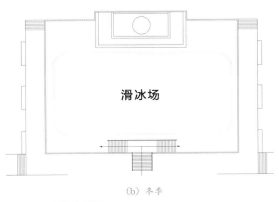

（a）夏季

滑冰场

（b）冬季

▲图30 平面布局图
来源：作者自绘。

▲图31 广场实景图
来源：五一爷.走马观花美国之旅[EB/OL]. (2015-06-29)[2020-
12-11]. http://travel.qunar.com/travelbook/note/5640802.

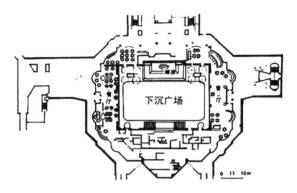

▲图33 广场及周围平面图
来源：方顿.独一无二的洛克菲勒中心[J].世界建筑,1997(2):64-67.

▲图34 街心花园实景图
来源：高木植.盛夏美东—纽约!超高效的携娃观光![EB/OL].
(2015-12-27)[2020-12-11].https://gs.ctrip.com/html5/you/
travels/21670/2755188.html.

洛克菲勒中心下沉广场不仅是商业空间的一部分，更是人们聚会、娱乐、休憩的绝佳地方，是具有凝聚力的公共空间。

2.3.4 小结

下沉式窑院和洛克菲勒中心广场都是由基面下沉形成的空间。通过研究分析对比发现，二者拥有截然不同的空间结构和场所特性，自然产生不同的场所精神。

对于下沉空间，改变其某一因素就可能使空间产生不同的作用和空间效果，研究组通过结合其他近现代案例总结出下沉空间的作用和其空间特性因素。

1）下沉空间的作用

（1）方位识别

在地下空间节点设计一个下沉空间，在开口处建立标志性事物，则可以使人们有效地辨别方位，增强安定感（图36）。

（2）提高地下空间可达性

下沉空间是从开放空间进入封闭空间的一个灰空间，下沉空间的设置符合人们日常进入建筑内

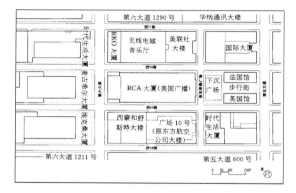

▲图35 总平面（局部）示意图
来源：方顿.独一无二的洛克菲勒中心[J].世界建筑,1997（2）：64-67.

部的心理习惯，从而提高了地下空间的可达性。

（3）提升地下空间环境品质

地下空间缺乏自然光线，自然空气，且非常压抑，人们长期使用地下空间会有不适感。

下沉广场可以为地下空间提供采光，结合景观降低噪声，还可以以大地为冷源，实现热压通风（图37）。

（4）消防功能

下沉空间是一个四周围合或半围合、顶部开敞式的公共空间，就消防而言，其有利于防火分隔和人员疏散，保护人们的生命安全。[①]

① 杨斌.下沉广场消防设计若干问题探讨[J].消防科学与技术，2013，32（10）：1109-1111.

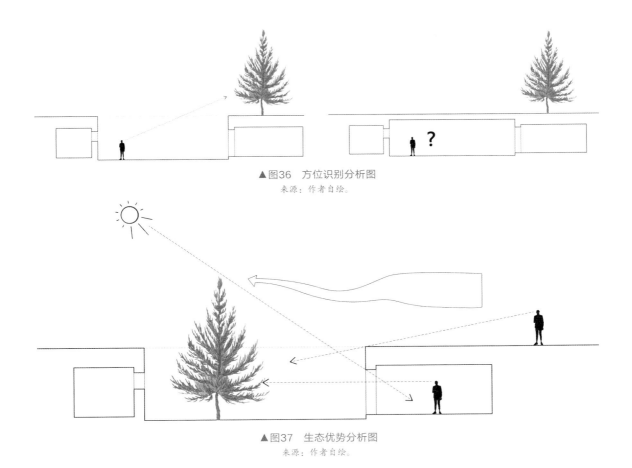

▲图36 方位识别分析图
来源：作者自绘。

▲图37 生态优势分析图
来源：作者自绘。

2）空间特性及其因素[①]

（1）可识别性

① 表面处理。通过对下沉基面进行表面处理，可以使其明显区别于周围基面，从而强调出下沉空间（图38）。

② 改变形式、几何特点以及方位。通过改变下沉基面的形式、几何特点以及方位，可以有效识别出相对应的下沉空间（图39）。

（2）可识别性

① 高程变化的尺度。下沉区域和原标高地面的连续性，取决于高程变化的尺度。高程变化越大，则连续性越差，安定感和独立性更强（图40）。

② 高程的转换。高程过大的下沉空间连续性差，为增进连续性，可以创造一种阶梯状的、台地式的或坡道式的转换，使下沉空间的形式和功能具有更多的可能性（图41）。

3 基面的综合处理和非线性处理

高差的介入产生不同的基面空间，但机械性地抬升与下沉，或者将基面的不同类型割裂起来看则并不是一种明智的做法。在许多建筑大师的作品中，可以看到一种将基面当成空间来做的思路。

---

① 该小节内容参考：程大锦.建筑：形式、空间和秩序 [M].3版.天津：天津大学出版社，2008：112-113.

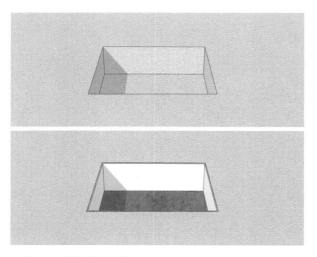

▲图38　表面处理分析图
来源：作者自绘。

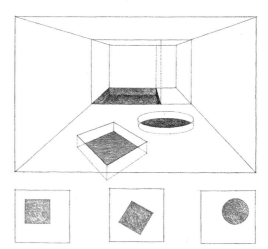

▲图39　改变形式、几何特点以及方位
来源：程大锦.建筑：形式、空间和秩序 [M].3版.天津：天津大学出版社，2008：112.

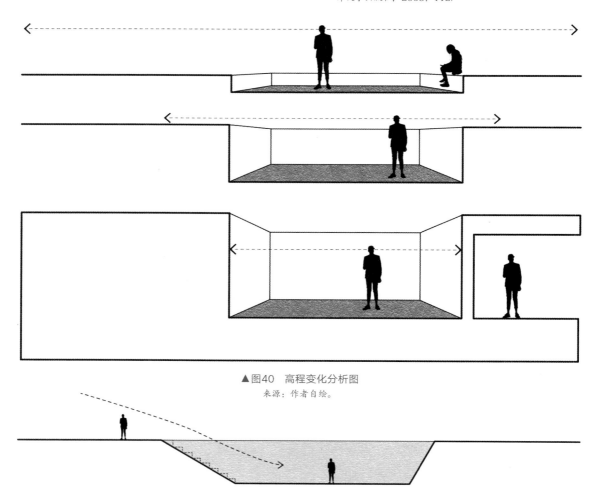

▲图40　高程变化分析图
来源：作者自绘。

▲图41　高程转换分析图
来源：作者自绘。

在柯布西耶的斯特拉斯堡议会大厦（图42）中，柯布先将首层下嵌入地面（a→b），然后复制了一份（c），再于其上加一个掏空层（d），沿坡道上升至新产生的基面（e），而这层也成为放置柯布西耶"新建筑五点"中底层架空柱的位置[1]。柯布西耶对于基面的定位是模糊的，我们既可以说（a）是基面，因为它是与地面直接接触的面，但同时由于（a）的下嵌，坡道的设立和架空柱的设置又混淆了视听，与地面处于同一水平面的（e）仿佛才应该是这一建筑的基面。

从另一角度来说，这也许是柯布西耶"建筑漫步"理论的体现，他通过非常规的手法组织起了一整条空间路径，营造出适合漫步又暧昧不清的空间氛围。

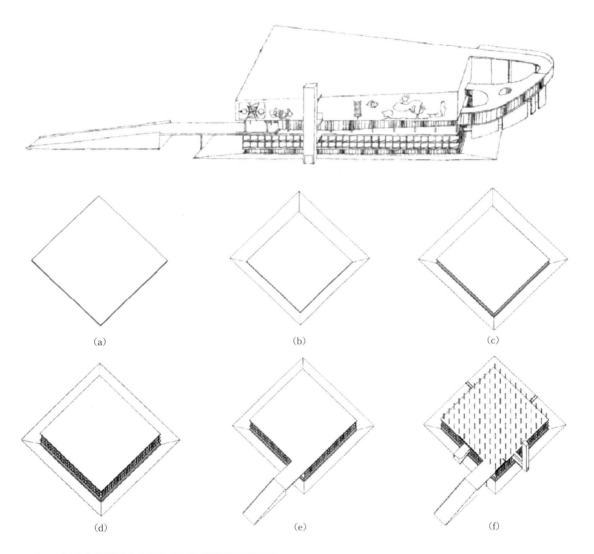

(a)　　　　　　　　　　(b)　　　　　　　　　　(c)

(d)　　　　　　　　　　(e)　　　　　　　　　　(f)

▲图42　斯特拉斯堡议会大厦东立面与基面轴测拆解图
来源：埃森曼.建筑经典：1950—2000[M].范路，陈洁，王靖，译.北京：商务印书馆，2015：65-67.

① 埃森曼.建筑经典：1950—2000[M].范路，陈洁，王靖，译.北京：商务印书馆，2015：67.

现象学基面分析线索

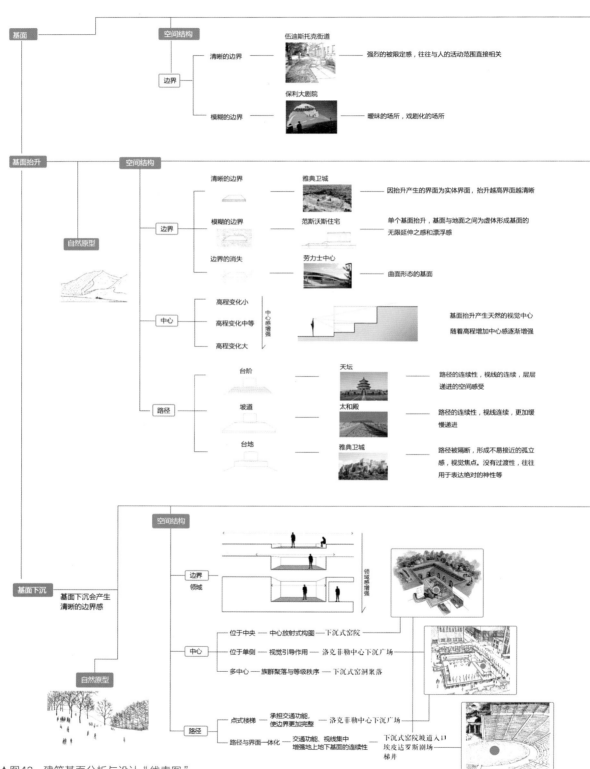

▲图43 建筑基面分析与设计"线索图"
来源：作者自绘。

场所精神出发的空间设计要点

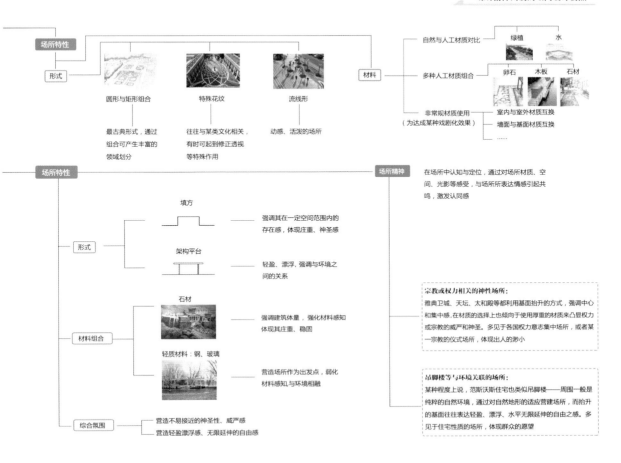

场所特性

- 形式
  - 圆形与矩形组合 — 最古典形式，通过组合可产生丰富的领域划分
  - 特殊花纹 — 往往与某类文化相关，有时可起到修正透视等特殊作用
  - 流线形 — 动感、活泼的场所

材料
- 自然与人工材质对比 — 绿植、水
- 多种人工材质组合 — 卵石、木板、石材
- 非常规材质使用（为达成某种戏剧化效果）
  - 室内与室外材质互换
  - 墙面与基面材质互换
  - ......

场所特性

- 形式
  - 填方 — 强调其在一定空间范围内的存在感，体现庄重、神圣感
  - 架构平台 — 轻盈、漂浮，强调与环境之间的关系
- 材料组合
  - 石材 — 强调建筑体量，强化材料感知体现其庄重、稳固
  - 轻质材料：钢、玻璃 — 营造场所作为出发点，弱化材料感知，与环境相融
- 综合氛围
  - 营造不易接近的神圣性、威严感
  - 营造轻盈漂浮感、无限延伸的自由感

场所精神

在场所中认知与定位，通过对场所材质、空间、光影等感受，与场所所表达情感引起共鸣，激发认同感

宗教或权力相关的神性场所：
雅典卫城、天坛、太和殿等都利用基面抬升的方式，强调中心和集中感，在材质的选择上也倾向于使用厚重的材质来凸显权力或宗教的威严和神圣。多见于各权力意志集中场所，或者某一宗教的仪式场所，体现出人的渺小

吊脚楼等与环境关联的场所：
某种程度上说，范斯沃斯住宅也类似吊脚楼——周围一般是纯粹的自然环境，通过对自然地形的适应营建场所，而抬升的基面往往表达轻盈、漂浮、水平无限延伸的自由之感。多见于住宅性质的场所，体现群众的愿望

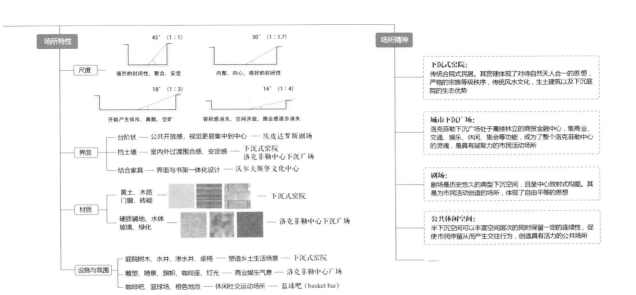

场所特性

- 尺度
  - 45°（1:1）— 强烈的封闭性，聚合、安定
  - 30°（1:1.7）— 内聚、向心，很好的封闭性
  - 18°（1:3）— 开始产生排斥、离散、空旷
  - 14°（1:4）— 容积感消失，空间开放，围合感逐步消失
- 界面
  - 台阶状 — 公共开放感，视觉更易集中到中心 — 埃皮达罗斯剧场
  - 挡土墙 — 室内外过渡围合感、安定感 — 下沉式宅院、洛克菲勒中心下沉广场
  - 结合家具 — 界面与书架一体化设计 — 沃尔夫斯堡文化中心
- 材质
  - 黄土、木质门窗、砖砌 — 下沉式宅院
  - 硬质铺地、水体玻璃、绿化 — 洛克菲勒中心下沉广场
- 设施与氛围
  - 庭院树木、水井、渗水井、桌椅 — 塑造乡土生活场景 — 下沉式宅院
  - 雕塑、喷泉、旗帜、咖啡座、灯光 — 商业娱乐气息 — 洛克菲勒中心广场
  - 咖啡吧、篮球场、橙色地坪 — 休闲社交运动场所 — 篮球吧（basket bar）

场所精神

下沉式宅院：
传统合院式民居，其营建体现了对待自然天人合一的思想，严格的宗族等级秩序，传统风水文化，生土建筑以及下沉庭院的生态优势

城市下沉广场：
洛克菲勒下沉广场处于高楼林立的商贸金融中心，集商业、交通、娱乐、休闲、集会等功能，成为了整个洛克菲勒中心的灵魂，是具有凝聚力的市民活动场所

剧场：
剧场是历史悠久的典型下沉空间，且呈中心放射式构图。其是为市民活动创造的场所，体现了自由平等的思想

公共休闲空间：
半下沉空间可以丰富空间层次的同时保留一定的连续性，促使市民停留从而产生交往行为，创造具有活力的公共场所

......

随着计算机技术的发展，非线性建筑逐渐进入人们的视野，从前看起来几乎是不可能的空间形态也因为曲面的介入而变得可以实现了。在扎哈、库哈斯、妹岛和世、伊东丰雄、BIG事务所等的作品中，可以发现设计师已经不再满足于基面的传统做法——清晰的边界、限定的领域和路径，而是追求边界的模糊、界面的一体化，当然也在更多地关注人的行为——行走、休憩、交流、观看等结合在基面的形态中，使得基面的边界、中心、路径都融合在一起，而在材料的选择上，都使用同一种颜色和材质，以求达到一体化的设计效果，营造整体性和充满流动性的"场所感"。

4 总结与启示

当我们按照建筑现象学的思路去分析基面的设计时，可以得到如图43所示（从左至右）的一张"现象学基面分析线索图"。从建筑基面的空间结构出发，或清晰或模糊的边界——带来的强烈被限定感或者暧昧的漂浮感；结合基面的场所特性——几何形式、材料组合所带来的不同氛围，而最终上升至建筑中的基面所形成的与人类活动、文化特征相关联的独特场所精神，从而理解特定建筑的性格和设计的原因。

另外，当我们从人的感受出发设计一个建筑时，则可以参考图43（从右至左）思考不同性格的场所在基面设计时可以采取的手法，以求达到某种特定的场所感。

主题3：
建筑学语境下的城市

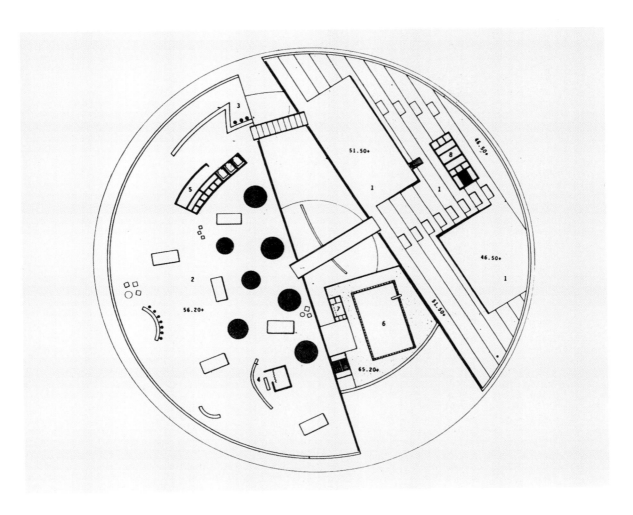

◎ 城市张力：极公与极私空间关系变迁之远窥 / 93

◎ 浅析雷姆·库哈斯作品中的社会民主主义思想 / 111

城市张力：极公与极私空间关系变迁之远窥①

Urban Tension: A Perspective on The Changes in Trends of Relationship Between Extreme Public and Private Spaces

张汉枫 王洲 / 文

摘要

不同时代的城市呈现出不同空间组合形态，内含丰富的历史信息，这其中蕴含的城市生长力量让人着迷。对比原始社会与未来城市设想空间，其中公私空间关系的相似性引发了从该角度去考察城市空间张力的变迁过程。通过研讨历史案例与当代探索，发现城市极公与极私空间之间的层级关系经历了由薄至厚再至薄的过程。遂基于此基础之上，尝试探索与设计未来城市公私空间关系模型。

关键词

城市张力；公私空间层级；厚与薄；未来城市空间模型

引言

通过观察图片（图1），我们可以看到极致未来状态下的人们活动空间形态和原始人活动的空间形态有很大相似之处——作为居住的极私空间和作为外部活动的极公空间之间均呈现出一种直接对峙的关系——原始人走出房子就是大自然，而在"无休止城市"（no-stop city）②里，人们所居住的帐篷外就是极公空间。在传统城市

▲图1　原始部落与未来城市空间形态对比

来源：左图—中华农业文明博物馆.中华农业文明陈列[EB/OL].[2020-08-03].http://www.ciae.com.cn/display/zh/civilization.html. 右图—建筑学院（Arch College）.建筑激进分子：Archizoom, No-StopCityandNo-StopLife[EB/OL].(2018-03-08)[2020-08-03].http://www.archcollege.com/archcollege/2018/3/39345.html.

---

① 本文获2020《中国建筑教育》"清润奖"大学生论文竞赛三等奖。
② 设计者设想了一种只有水平楼板和地面、无限扩张的城市，没有任何建筑单体，家具和各种设备单元散落其中，人们可以自由地选择所居住的地方。

空间格局下，人们喜欢享受多层级公共空间带来的丰富体验，因为层级化的公共空间对应着层级化的人际关系；而在虚拟数据信息充斥城市每个角落，共享生活到来的当代，公私空间的"距离"逐渐变薄。许多学者致力于对这个现象与趋势的研究，如在雷姆·库哈斯（Rem Koolhaas）的作品中，可以读出他对城市公私关系的思考，此外，在阿基佐姆工作室（Archizoom associati）的"无休止城市"中更为激进，将公私空间直接碰撞……因此，我们好奇在不同历史阶段，城市公共与私密空间层级关系如何变化以及变化的内在逻辑和力量来源，进而探讨这种变化对人们产生的影响，并尝试在此基础上探索与设计未来城市公私空间关系模型。

一些界定和说明

本文探讨的公共空间，是狭义上的公共空间，指的是为城市居民所使用的物质空间环境，包括室内和室外。室外空间要素如街道、广场、公园、连廊等，室内空间要素则如教堂、学校、商业中心等，这些空间要素在城市中通常不是平行关系，而是呈现出一种层级关系，具体结构视每个城市的现实状况而不同。私密空间的核心为私密性，因城市居民对私密空间的定义有一定的主观性，故在不同时代、不同地域语境下，定义会不同。此文中，私密空间是指居民的家庭空间，不再对起居室、餐厅、卧室等具体内部空间进行细分。

选取案例时，我们尽可能选取具有典型特征的，囊括了亚、非、欧三大洲的城市或街区案例（图2），并根据不同历史发展阶段，分别选取了乌尔城（City of Ur）、吕贝克（Lübeck）、巴黎（Paris）、北京百万庄住区、汉堡港口新城（Hafen City Hamburg）进行逐层级剖析。

▲图2 研究案例分布图（蓝点代表所涉及案例在的地理位置）
来源：作者自绘，底图—谷歌世界卫星地图 https://www.google.com/maps.

1 城市公私空间层级变迁历程浅析

1.1 乌尔城：史前及奴隶制社会聚落与城市公私空间关系

首先选取史前石器时代四个聚居地案例平面进行高度抽象图示（图3），当时虽还没有城市，但聚落可以被看作是城市雏形，在抽象化的图示中，灰色表示私密空间，即住所，深蓝色表示极公空间，为大自然，此时极公与极私空间呈现出一种直接对撞的状态。

奴隶制社会，开始出现以奴隶主占有奴隶的

人身权、对其实行奴役为主要特征的社会阶级分化现象。同时，乡村居民点扩大成规模较大的居民区，出现权势中心，城市开始初步形成。这一时期，同样选取了4个案例，对平面进行抽象化，虽然由于生产力与社会的发展程度不同，其空间分化呈现出一定的差异性，但依然可以看出它们均有一个极公部分——庙宇或者王址，再由此经过街道过渡到极私的住所，此时，街道便作为极公与极私空间之间的第一层级公共空间（图4），随着颜色从深蓝变为浅蓝至灰色，代表着公共空间层级的变化。①

其中乌尔城具有较为典型的特征。乌尔城

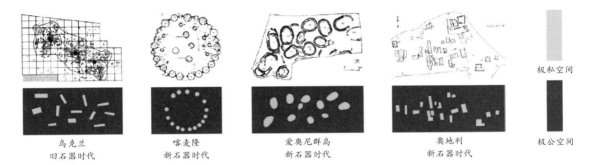

▲图3　原始社会聚落公私空间过渡层级关系图示
来源：作者自绘，底图—贝纳沃罗.世界城市史[M].薛钟灵，余靖芝，葛明义，等译.北京：科学出版社，2000：9，15-17.

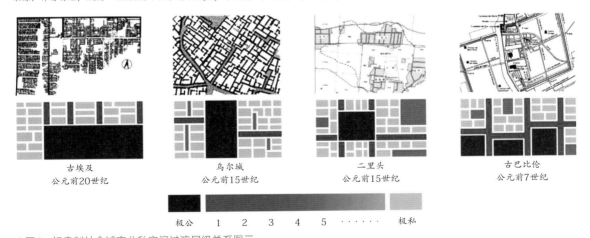

▲图4　奴隶制社会城市公私空间过渡层级关系图示
来源：作者自绘，底图—贝纳沃罗.世界城市史[M].薛钟灵，余靖芝，葛明义，等译.北京：科学出版社，2000：50-61.

---

① 图附说明：深蓝色表示极公空间，一般为庙宇类的大型集会空间；浅一级蓝色表示第一层级公共空间，一般为道路；再浅一级蓝色为第二层级公共空间，根据地域的不同而表现出不同的形式，如在乌尔城中表现为次一级的道路，在古巴比伦中是小型庙宇或广场。

当时大约有100hm²，城市土地被瓜分为各个小地块，由个体居民占有，庙宇被清晰地衬托出来，城外的土地则以地方诸神的名义让人们耕种（图5）。从图中我们可以看到，乌尔城中公共空间和私密空间的关系开始出现层级化，从庙宇—街道—居住空间，逐渐从公共空间过渡到私密空间，这种空间层级增加，也许是由于社会阶层和工作分化以及生产技术进步，公共空间的类型更为丰富了。

1.2 吕贝克：封建社会前期的城市公私空间关系

我们选择了处于封建社会时期的意大利威尼斯（Venice）、中国杭州、德国吕贝克（Lubeck）和中国苏州进行城市空间平面抽象图示，从图6中可以发现，此时极公、极私空间之间大多存在两个左右的层级空间。我们选择吕贝克对此现象展开详细分析。

1.2.1 极公空间——圣玛利亚大教堂

吕贝克城镇中心是圣玛利亚大教堂（St Mary's Cathedral）（图7），将其视为极公空间的原因有两个：① 在规模上，这一块区域远大于其他公共空间；② 它处于城市地理中心，根据网络米制距离分析可以发现，城市任何一个地方距它均不超过800m的步行距离，可以成为市民方便的活动中心。

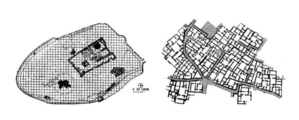

▲图5 （左）乌尔城整体平面图图；（右）乌尔城的街道和住宅（红圈部分放大）
来源：作者自绘，底图—贝纳沃罗. 世界城市史[M]. 薛钟灵，余靖芝，葛明义，等译. 北京：科学出版社，2000：24-25.

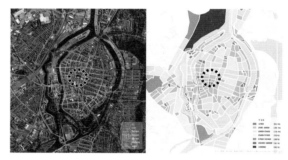

▲图7 圣玛利亚大教堂在吕贝克的中心位置
来源：作者自绘，底图—戴晓玲，LALEIK A. 德国吕贝克历史城镇可步行性建构历程[J]. 上海城市规划，2017(1)：39.

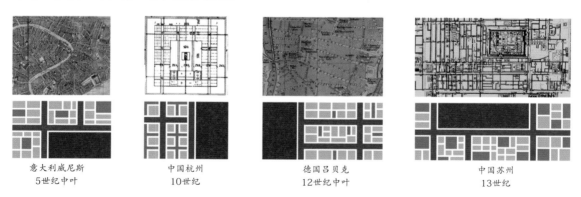

意大利威尼斯
5世纪中叶

中国杭州
10世纪

德国吕贝克
12世纪中叶

中国苏州
13世纪

▲图6 封建社会前期公私空间过渡层级关系图示
来源：浙江网. 杭州古地图的变迁史[EB/OL]. [2020-08-03]. http://www.zjr8.com/118734-1.html;
Maps Venice.古地图的威尼斯[EB/OL]. [2020-08-03]. https://zh.maps-venice.com/%E5%9C%B0%E5%9B%BE%E5%A8%81%E5%B0%BC
E6%96%AF-%E5%89%8D%E4%BB%BB/%E5%8F%A4%E5%9C%B0%E5%9B%BE%E7%9A%84%E5%A8%81%E5%B0%BC%E6%96%AF.
一起扣网. 苏州古代地图[EB/OL]. [2020-08-03]. https://j.17qq.com/article/hhijdfhdz.html.

1.2.2　第一层级公共空间——街巷

在吕贝克实地调研时，我们发现，每到夜晚，即使商店已停止营业，橱窗的灯依然亮着（图8）。询问后得知，这是市民对这条共有街道的贡献，他们认为这条街道是在此居住或工作的人们所共有，因此大家都要负责经营这条街道。在此，我们将这里的街道视为第一层级的公共空间，它们连通了公共广场和居住建筑。

1.2.3　第二层级公共空间——吕贝克特有的窄弄

在实地调研过程中，我们发现吕贝克存在一种非常有特色的窄弄（图9）。进入窄弄后，人们可以由窄弄直接进入自己的生活起居空间，也就是极私空间，同时，在窄弄中还能看到许多居民的盆栽、鞋柜、桌椅等物品，可见他们把窄弄看作共同使用的公共空间，因此我们将其作为第二层级的公共空间。吕贝克的公私空间关系为城市广场—街巷—窄弄—住宅，层级化的公共空间对应着人们层级化的需求和人际关系。

1.3　巴黎：工业革命时期的城市公私空间关系初探

工业革命开始，城市化进程加速，城市人口剧增，此时城市空间形态也开始发生变化。我们首先对当时的法国巴黎、英国曼彻斯特（Manchester）和诺丁汉（Nottingham）以及日本东京（Tokyo）进行平面抽象图示，从图10可以看到，此时极公、极私空间之间的层级空间增加了，且表现形式因地域的不同而不同。

1.3.1　极公空间——城市广场

19世纪上半叶，巴黎老社区变得脏乱危险，当时的省长巴特洛特·德朗布托（Barthelot de Rambuteau）开始考虑重修老城的公共空间[1]，之后在乔治-欧仁·奥斯曼（Georges-Eugène Haussmann）男爵任职期间，这些公共空间得到了进一步修缮，并对欧洲其他各国产生影响。

地图显示（图11）许多公共空间经过修缮后在城市中得到强调，道路交汇处对应着广场，大型建筑物或构筑物非常醒目，如塞纳河右岸的戴

▲图8　夜晚的吕贝克街道，底商仍亮着灯
来源：作者自绘。

---

① 柯克兰. 巴黎的重生[M]. 郑娜，译. 北京：社会科学文献出版社，2014（6）：29.

（1）　　　　　　　　　　　　　　　　　　　（2）

（3）　　　　　　　　　　　　　　　　　　　（4）

▲图9　（1）吕贝克老地图中的窄弄，图中注明了一处，但有许多类似的窄弄；（2）～（4）为进入窄弄后的景象：（2）为从窄弄直接看到的居民家厨房；（3）、（4）为居民摆放在窄弄里的盆栽、桌椅等私人物件
来源：作者自绘。

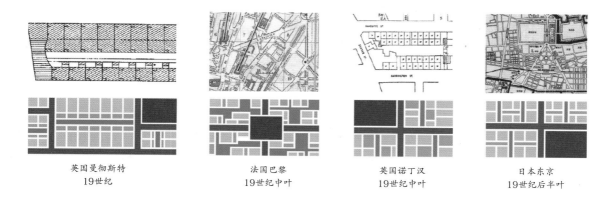

英国曼彻斯特　　　　　　法国巴黎　　　　　　英国诺丁汉　　　　　　日本东京
19世纪　　　　　　　　19世纪中叶　　　　　　19世纪中叶　　　　　　19世纪后半叶

▲图10　工业革命时期公私空间过渡层级关系图示
来源：作者自绘，底图——贝纳沃罗.世界城市史[M].薛钟灵，余靖芝，葛明义，等译.北京：科学出版社，2000：799–803.
维基百科.弘化年间（1844—1848）改订江户图[EB/OL].[2020-08-03].https://zh.wikipedia.org/wiki/%E6%B1%9F%E6%88%B6#/media/File:Edo_1844-1848_Map.jpg.

▲图11　19世纪巴黎观光地图

来源：布莱克.地图上的城市史：以城市为坐标测绘出的世界文化发展史[M].台北：麦浩斯出版社，2016：65.

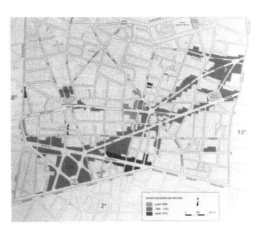

▲图12　巴黎第九区土地征用范围（蓝色）

来源：PINON P. Atlas du Paris haussmannien[M]. Paris: Parigramme, 2002：74.

高乐广场（Place Charles de Gaulle）、战神广场（Champ-de-Mars）等，这些公共空间相比于之前的空间，公共性更强，他们让整个巴黎都变得更加活跃。

1.3.2　第一层级公共空间——城市大道

由于当时巴黎大部分街道都十分狭窄杂乱，因此奥斯曼选择对道路进行扩建。在该过程中，他征用了妨碍道路建设的住宅（图12），这使得一些原本属于私密空间的住宅用地变成了公共性质的道路用地[①]。这一转变使原来狭窄弯曲的小路变成了宽敞笔直的大道，这些大道连接着城市广场和各个街区的第二层级公共空间（详见下述），城市大道本身便成了两者之间的第一层级公共空间。

1.3.3　第二层级公共空间——被细分的小型街区

对比塞纳河（Seine）东岸某地块18世纪和21世纪的地图（图13）可以发现，后者的街区相

较之前更细密，这一转变发生在19世纪中叶。以现在维多利亚大道（Victoria Avenue）上的街区为例，从图14中可以看到，原本长方形的地块，被小路切分成了几个三角形，这使得地块的界面距离增加——动线上，界面是人可以穿越和进入的；视线上，细分的地块使行人可以间隔着看见街区内的公共设施。这样的街区相比于之前，增加了一层公共空间，小路及小路边的公共设施作为第二层级的公共空间出现。

1.3.4　第三层级公共空间——奥斯曼式公寓大楼（Ottoman architecture）内的公用空间

"巴黎在1852年到1870年，修建了超过10万所房子……很多建筑都属于同一类型——出租屋，这种类型在第二帝国时期出现爆炸式增长"[②]，这句话中提到的出租屋，即为奥斯曼式的公寓大楼，它的出现是为了解决大量人口的居住问题，其建筑高度、形状和布局都有限制规定，比如规定建筑中需设有大块公共庭院来通

① 柯克兰.巴黎的重生[M].郑娜，译.北京：社会科学文献出版社，2014（6）：153.

② PINON P. Atlas du Paris haussmannien[M]. Paris: Parigramme，2002：87.

▲图13 （左）1739年的巴黎地图；（右）现巴黎城市地图
来源：POLYSH.从18世纪与19世纪地图，看尽花都巴黎的城市样貌故事[EB/OL].(2017-01-26)[2020-08-03].http://designer.org.tw/polysh/test/blog/2017/01/26/paris-map/.

▲图14 维多利亚大道上的街区，长方形的地块被切分成三角形
来源：胡洁.19世纪巴黎大改造对中国旧城改造的启示[J].中国城市研究，2013（5）：23.

风，这些公共庭院即第三层级公共空间，属于该建筑中居民共用的公共空间[①]。另外，因奥斯曼式大楼里居住着不同社会等级的人士[②]，那么楼内必然产生共用的垂直交通空间，这些空间也可看成第三层级的公共空间。

由此，我们看到，巴黎的城市公私空间关系经过改建逐渐变得丰富起来—城市大广场—城市大道—街区小巷—公寓大楼内公共庭院以及共用垂直交通—私密空间，而丰富的层级化空间让城市变得活泼、生动。

1.4　北京百万庄住区：现代主义背景下的住区公私空间关系初探

到20世纪，现代主义的冲击深刻影响了城市形态。住区方面，在现代主义前期，街坊式住宅因其围合式的建筑布局形式，被设计师用以体现集体主义精神，因而大范围推广；而后期，因其表现出明显的秩序感和形式主义倾向，未关注和

---

① 此处有资料显示，奥斯曼为了迎合资产阶级，这些庭院其实还是有等级划分的："例如人们可以共享庭院的采光，但是只有能进入庭院的住户才能真正使用庭院。"但尽管如此，建筑中仍存在属于第四层级的公共空间，比如下文所说垂直交通空间。
② 奥斯曼大楼的一楼是临街商铺，二楼是店铺老板生活的空间；三楼和四楼多为中产阶级，五层则给经济条件更差的家庭居住；六层是小职员的住所。

解决一些实际问题，加之住区内向性增加，带来了诸如街道界面冷清、城市冷漠症等问题，故在形态上更简单与自然的集合式住宅开始进入人们的生活。

我们选取了北京百万庄住区、印度昌迪加尔（Chandigarh）、德国斯图加特魏森霍夫住区（Weissenhofsiedlung）和东京代官山住区（Daikanyama）作为典型代表案例，通过图示抽象提取可以发现（图15），前二者由于大街区、高密度、多组团等特点，空间层级关系变得非常丰富；而后二者则考虑了建造者与使用者的个性表达，采用简单的空间元素进行集合，来处理城市动态发展。

1.4.1 极公空间——城市主干道与城市性公共空间

百万庄住区位于北京西二环外车公庄大街南侧，被城市主干道路上下围合，公共服务设施位于中央。城市主干道与相连的小学都具有高度的城市性。此外，小区以小学及公共绿地为中心，

住宅围绕公共中心布置，由9个组团构成，故将城市主干道、小学与绿地视作极公空间（图16）。

1.4.2 第一层级公共空间——主要道路及与其发生关系的公共空间

在百万庄，连接城市主干道的路径作为住区内主要道路。与住区内主要道路相连的，是开放、功能外向、具有一定城市性的空间，但较之绿地和小学有所减弱，因此二者便作为第一层级的公共空间（图17）。

1.4.3 第二、三层级公共空间——住区内次要道路与支小路

住区内次要道路连接住区主要道路，以弯折的形态穿过住区（图18），并与支小路一起，加强了道路界面与住区空间的接触面积，可提高街道的利用性，同时也从设计上减缓了车速，营造出了良好的步行环境，作为第二、三层级的公共空间出现。

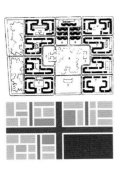

百万庄
20世纪60年代

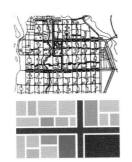

昌迪加尔
20世纪60年代

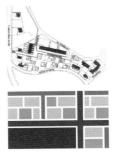

代官山集合住宅
20世纪60年代

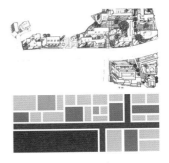

魏森霍夫住宅区
20世纪20年代

▲图15 现代主义城市公私空间过渡层级关系图示
来源：作者自绘，底图—澎湃新闻. 生死未卜，百万庄小区会被保护吗？[EB/OL].(2015-11-09)[2020-08-03]. https://www.thepaper.cn/newsDetail_forward_1394575.
HÉLÈNE B C, PRODHON F C, SEGUIN P, et al. Le Corbusier, Pierre Jeanneret: Chandigarh, India, 1951-66[M]. Paris: Galerie Patrick Seguin, 2014: 52.
槙文彦，赵翔. 由代官山复合建筑群看社会可持续性[J]. 新建筑，2010（6）：42.
范路. 梦想照进现实：1927年魏森霍夫住宅展[J]. 建筑师，2007（3）：33.

1.4.4 第四层级公共空间——小组团之间的公共空间

百万庄住区内部的小组团并不照搬围合的模式，而是通过"回"字形的蜿蜒围合，形成内外两层的"双周边"格局（图19、图20）。

该种布局方式在组团外部与城市街道入口交汇处设置半开敞小院，与城市街道巧妙地结合在一起，作为私密空间与公共空间之间的巧妙过渡；在组团内部通过建筑围合形成公共活动和交往的空间。相比于传统街坊，"双周边"布局在空间使用上更强调建筑对空间的围合，对场地的利用更为充分，达到更多居民对于庭院空间的共享，能满足当时对公平性的需求，这也是之后被推广的原因。组团空间主要与第三层级公共空间——支小路接壤，因此作为第四层级的公共空间。

1.4.5 第五层级公共空间——楼栋内的公共空间

在20世纪50年代，社会秩序安定，住区内的居民普遍有不锁户门的习惯，因此居民来往串门很方便。居民大部分为时代精英，多在前线工作，因此家中子女就被寄托到邻居家代管，子女们也常会在邻居或同事家吃饭和学习，家庭界限不像现在这么分明，彼此间互相串门、一起学习很常见，因此我们认为楼栋内的客厅等空间，可作为第五层级公共空间（图21）。

北京百万庄住区的设计中所呈现出的公私空间关系层级可分解为城市主干道与城市公共空间—住区主要道路与公共空间—住区支小路—组团公共空间—楼栋内的公共空间—楼栋的私密空间多个空间层级。这种设计使内部居民生活更加多样化，带

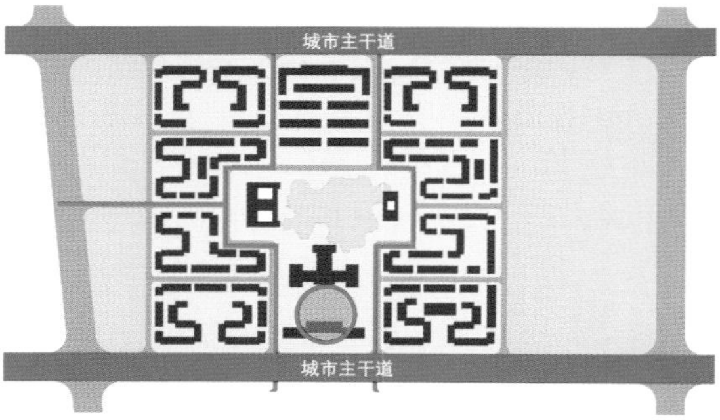

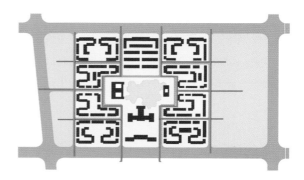

▲图16 主干道与主要公共空间图
来源：作者自绘。

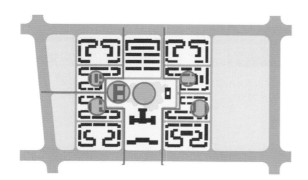

▲图17 与主要道路连接的公共空间
来源：作者自绘。

▲图18 住区主次道路关系图
来源：作者自绘。

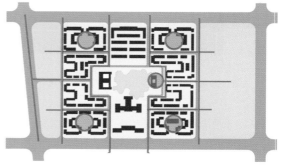

▲图19 组团级公共空间
来源：作者自绘。

来较好的居住氛围。而在之后兴起的集合式住宅，在空间层级上有所简化，更强调城市开放性，为21世纪的城市设计（如汉堡新城）埋下了伏笔。

1.5　汉堡港口新城：当代全球化背景下的城市公私关系初探

在数据和云端高速发展的今天，人们向共享的生活模式迈进了一大步。在此背景下，我们选择了中国深圳22～23地块、中国杭州杭行道、印度孟买树木社区（the Trees）和德国汉堡港口新城进行图示抽象提取。可以看到，空间形态逐渐趋于多样（图22），公共空间的地位提升，公私

空间之间的关系正在逐渐变薄。

我们选择汉堡港口新城易北爱乐音乐厅（Elbphiharmonie）所在指状地块进行具体分析（图23）。

1.5.1　极公空间——滨水广场

该地块尽端是易北爱乐音乐厅，游客众多，因此我们将其作为具有城市性的极公空间。南边有一条滨水廊道，串连着3个公共广场，广场另一边是城市道路。从现场照片（图24）可以看到这些广场上聚集了许多人流，非常热闹，因此我们将这些公共广场、滨水廊道和标志性的建筑都作为极公空间。

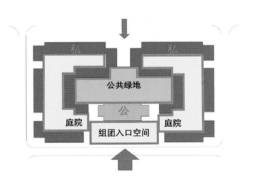

▲图20　组团间公私关系图
来源：作者自绘。

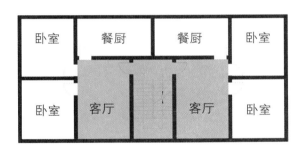

▲图21　楼栋内公私关系
来源：作者自绘。

中国深圳
21世纪

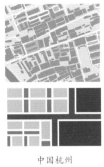
中国杭州
21世纪

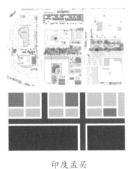
印度孟买
21世纪

德国汉堡
21世纪

▲图22　当代全球化背景下公私空间过渡层级关系图示
来源：作者自绘，底图—深圳市规划与国土资源局李明. 深圳市中心区22、23-1街坊城市设计及建筑设计[M]. 北京：中国建筑工业出版社，2002：11.
SASAKI.The Trees: A New Mixed-Use Urban District in Mumbai[EB/OL].[2020-08-03].https://www.sasaki.com/projects/the-trees-a-new-mixed-use-urban-district-in-mumbai/.
HAFENCITY HAMBURG.汉堡港口新城主题城区项目[EB/OL].(2015-10)[2020-08-03].https://www.hafencity.com/upload/files/files/Projektebroschu_re_24_CN_.pdf.

▲图23　港口新城所选地块鸟瞰图，其尽端是易北爱乐音乐厅的地块
来源：HAFENCITY HAMBURG.汉堡港口新城主题城区项目[EB/OL].(2015-10)[2020-08-03].
https://www.hafencity.com/upload/files/files/Projektebroschu_re_24_CN_.pdf.

▲图24　（左）公共广场；（右）滨水廊道
来源：作者自绘。

1.5.2　第一层级公共空间——私密庭院

从图25中可以看到，私密庭院三面被居住建筑围合，另一面直接面水，但和滨河廊道仍有高差。这些高差实质上限制了人们的活动，因此这个庭院并不具有黄色公共广场那样的公共性，现场人也极少，因此我们将其作为第一层级的公共空间。

1.5.3　第二层级公共空间——建筑里的共享空间

很多住宅建筑顶部有屋顶花园（图26），因此建筑内部的垂直交通空间和屋顶花园都可以作为第三层级的公共空间，它们直接和私密空间相连。

汉堡港口新城的规划体现的是在当代科技快速发展的情况下，公私空间之间关系的发展趋势。人们对混合功能的需求让新城不断减薄公私空间之间的层级关系，呈现出城市广场—私密庭院—垂直交通—私密空间的状态。

1.6　小结

通过对各个历史时期城市（聚落）中的公私空间过渡层次关系的大致梳理，我们发现，极公空间与极私空间之间的关系经历了由薄至厚，再至薄的一个过程——史前社会人们的居所直接与大自然接触；从奴隶制社会开始至现代，生产力的发展使极公空间与极私空间之间出现越来越多

▲图25 （左）公共与私密空间分析，黄色为公共空间，绿色为私密庭院；（右）私密庭院的现场照片
来源：HAFENCITY HAMBURG.汉堡港口新城主题城区项目[EB/OL].(2015-10)[2020-08-03].https://www.hafencity.com/upload/files/files/Projektebroschu_re_24_CN_.pdf.

▲图26 卫星地图中的建筑顶视图
来源：谷歌倾斜视图地图.卫星地图中的建筑顶视图[EB/OL].[2020-08-03].https://www.google.com/maps/search.

层级化的公共空间；20世纪后半叶，人们开始对此反思，极公空间与极私空间之间的层级关系开始减薄；到当代，互联网的发展使混合功能的社区成了人们新生活的需求之一，伴随而来的是极公空间与极私空间之间层级关系的进一步弱化。

那么当我们展望未来，公私空间之间的过渡层级又会变成什么样呢？

2 未来城市公私空间关系探索

结合对历史线上不同案例的探究梳理，以及对前人所探索的未来城市的研究，我们制作了一张示意图（图27）：红线以上为极私空间，红线以下为不同层级的公共空间。从图中可以看到公与私之间的层级关系，随着时间的变化，呈现出一个相对趋势：由原始聚落下的直接碰撞关系，到慢慢层级增加，直至一个非常厚的状态，然后又有慢慢变薄的发展趋势。

▲图27 极公空间和极私空间之间层级关系流变示意图
来源：作者自绘。

2.1 未来城市之他迹

在探索未来城市的案例中，我们发现有两种不同的姿态。第一种，如TND与TOD模式（两种城市模式，代表了20世纪90年代于美国兴起的新城市主义[①]）。从TOD理想模式图（图28）中便可看出其公私空间关系层级：公共交通车站—公共开放空间—住区邻里空间—私密空间。无论是TND还是TOD都主张在城市中建立具有高密度、小尺度和平易近人的社区空间，类似案例如编织城市（woven city）、地下城市等。第二种，公私空间呈碰撞关系。这种方式可以用矶崎新（Arata Isozaki）的一句话来表达："今天，我们生活在'职住分离'的城市，但未来我们或许会生活在功能区相互交融的城市里，家庭门第将变得模糊不清。当然，我们不会变成妖怪，人类仍将拥有正常的面孔，人们都会成为这种未来前景下的公民，而城市则将向所有居住者敞开，这就是我的项目X。"[②]与之类似的如新巴比伦（Constant Nieuwenhuys）[③]（图29）、移动城市（Yona Friedman）[④]（图30）、无休止城市（阿基佐姆工作室）[⑤]（图31）。

2.2 未来城市之我见

下一步，城市公私空间的关系将如何变化？通过一个小设计，我们去思考探索这个问题，并尝试建立一个未来城市公私空间模型。

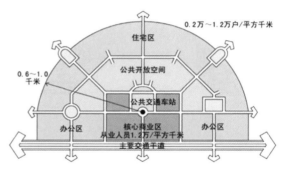

▲图28 TOD理想模式图
来源：夏胜国,曹国华.TOD模式下的城市公共交通枢纽设计方法研究[C].城市发展与规划国际论坛,2008-06-01.

▲图29 新巴比伦模型，由很多网架构成
来源：建筑学院.建筑激进分子：Archizoom, No-Stop City and No-Stop Life[EB/OL].(2018-03-08)[2020-08-03].http://www.archcollege.com/archcollege/2018/3/39345.html.

▲图30 移动城市，住房和公共空间直接对峙
来源：建筑学院.建筑激进分子：Archizoom, No-Stop City and No-Stop Life[EB/OL].(2018-03-08)[2020-08-03].http://www.archcollege.com/archcollege/2018/3/39345.html.

① 唐大乾.以公共交通为导向的TOD新城研究[D].天津：天津大学，2008.
② The Pritzker Architecture Prize.2019年普利兹克奖获得者矶崎新颁奖礼视频[EB/OL].(2019-03-05)[2020-08-03]. https://www.pritzkerprize.com/cn/%E5%B1%8A%E8%8E%B7%E5%A5%96%E8%80%85/jiqixin.
③ 新巴比伦是一个空间多变的城市，由一个一个部分（sector）组成，而每个部分又由一个中立的、较稳定的大结构（macro-structure）和各种各样多变的、自由的小结构(micro-structure)组成。
④ 弗里德曼（Friedman）也认为建筑应该是可以移动的，其用途可以由于居住者的愿望而改变。在他的图示中，到处是各种悬浮着的矩形空间。这些均质的各式住房和公共空间直接对峙，作者并没有在其间创造任何中间层级空间的意图。
⑤ 阿基佐姆（Archizoom）设想了一种只有水平楼板和地面、无限扩张的城市，没有任何建筑单体，家具和各种设备单元散落其中，人们可以自由地选择所居住的地方。我们已经可以清晰地看到私密空间和周围公共空间直接碰撞的关系。

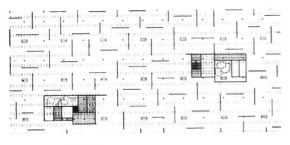

▲图31 无休止城市

来源：建筑学院,建筑激进分子：Archizoom, No-Stop City and No-Stop Life{EB/OL}.(2018-03-08)[2020-08-03].http://www.archcollege.com/archcollege/2018/3/39345.html.

首先通过对人群的分析（图32），选定一类人群[①]作为设计对象，注意力集中公私空间之间的这层边界上，在为他们设计一个生活中心的过程中，去做一个对未来城市空间形态的探究。

我们所设想的未来城市的空间形态将基于一种共享的集体生活模式——人们享受集体生活，私密空间被弱化，可以自由选择居住地，对私密空间的需求甚至不是每时每刻。公私空间直接碰

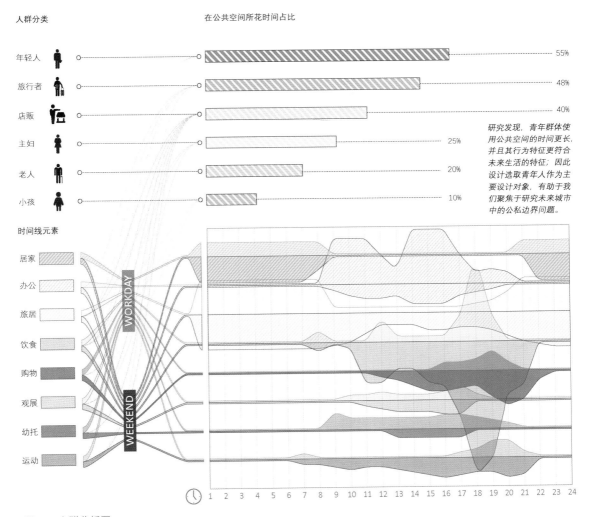

▲图32 人群分析图

来源：作者自绘。

① 作者选定年轻人、旅行者、店贩、主妇、老人和小孩这几类人群，对他们的生活模式进行分析，发现在日常生活中，年轻人使用公共空间的时间更长，对公共空间的需求更强烈，符合笔者对未来生活模式的设想，故选择年轻人作为设计对象来帮助笔者聚焦视点到公私空间之间的这层边界上。

撞，它们之间的层级关系变得很薄，薄到在部分
时间段这层边界甚至可以打开，公私空间交融，
产生新的空间形态。

　　因此，我们将未来城市空间形态归纳为3点
（图33）：① 公私空间直接碰撞，公共空间包
裹着私密空间；② 公共空间和私密空间的边界是
可变的，人们生活起居的地方不再永远只是"房
间"的样子；③ 人们可以自由地选择自己想去的
地方，换言之，某层边界可以随着使用者的想法
改变其空间坐标位置。

　　根据对未来城市空间的推测，我们设计了一
个单元（图34），不仅其本身的空间坐标位置可
变——实现游牧生活，其围合系统也可变——它
所围合的空间性质也会随之改变，实现公共空间
与私密空间之间的切换。

▲图33　设计概念图
来源：作者自绘。

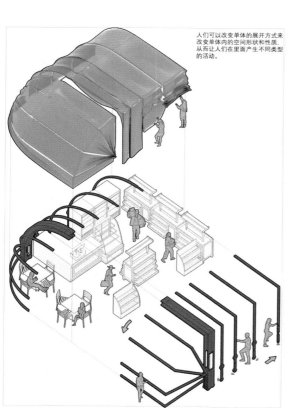

▲图34　单体生成图
来源：作者自绘。

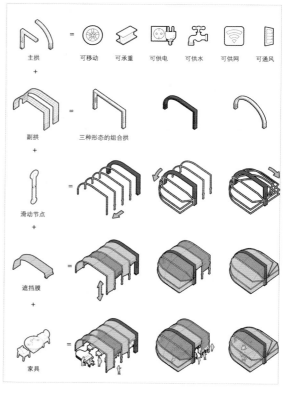

在这里，我们使用了一种拱结构，由主拱和副拱组成（图35）：主拱承担着承重、移动、通风和提供水电网的功能，副拱可以进行旋转或拉伸，从而产生不同形状和空间性质的空间，非常方便地实现公私空间之间的转换。这些小拱互相之间进行组合，根据需求形成不同的空间，在平面图和轴测图中，我们可以清晰地看到它们组成的空间形态，即其变化带来的空间形态的变化（图36、图37）。

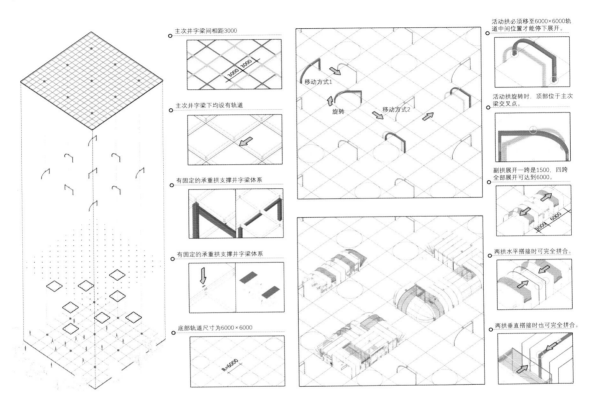

▲图35　组合模式图
来源：作者自绘。

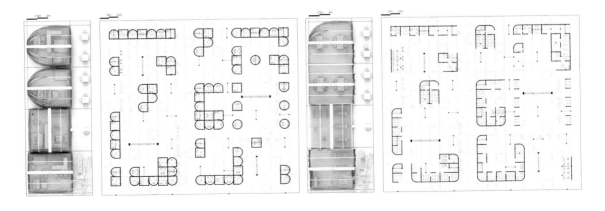

▲图36　日与夜的平面模式对比（左边夜晚，右边白天）
来源：作者自绘。

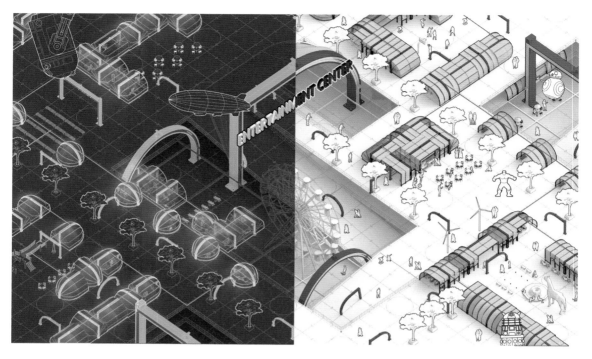

▲图37　公共与私密状态的对比（左边夜晚，右边白天）
来源：作者自绘。

3　小结

在历史的长河中，人们的生活方式左右着人类城市的空间形态。当我们聚焦不同历史阶段的公共与私密空间之间的变化过渡方式时，发现其变化和当时人们的生活需求、生产力发展水平息息相关。因此，抓住这一城市生长的内在张力逻辑，我们便能从公私空间之间的层级关系出发，思考未来城市的生长方式，并落实于纸面。

浅析雷姆·库哈斯作品中的社会民主主义思想

Brief Talk of the Social Democratic Thought in Rem Koolhaas's Works

李响元　王琪泓 / 文

摘要

雷姆·库哈斯（Rem Koolhaas）是当今最富浪漫情怀及乌托邦色彩的建筑师，他的许多设计若仅在建筑学语境下进行孤立分析很难得到充分的诠释。本文试图以世界近 40 年以来的社会和政治氛围的变化为线索，从社会意识形态角度切入，浅析雷姆·库哈斯的作品，以期为其他研究者提供一些思路。

关键词

库哈斯；社会民主主义；巨构；城市

引言

所谓社会民主主义[1]是在保持资本主义生产方式的同时，通过与社会福利理想的一致，改革资本主义并使其更加人性化，至最终彻底终结资本主义的一种意识形态。"一战"爆发后，以列宁为首的革命派宣布脱离第二国际[2]，组建共产国际。1959 年，作为第二国际核心的德国社民党通过了《哥德斯堡纲领》[3]，使其由独立的左翼政党逐渐变成了一个纲领混乱的中间派政治联盟，附庸于资本主义。

《哥德斯堡纲领》宣布之后，社会民主党开始分裂，坚持原纲领的社会民主主义者们开始逐渐把目光投向经历过反殖民斗争、共产主义革命和自由化改革的东方。青年时代的库哈斯被这股历史浪潮裹挟着向前，虽不曾明确表态，但能从他的作品中看出其显然受到了这股思潮的影响，在其接下来的 3 个职业发展阶段中，逐渐形成并完善了自己的社会意识。

---

① 一种在19世纪晚期和20世纪初期开始浮现的政治意识形态，主张社会市场经济超越自由市场，在某些情况和范围下进行计划经济，拥护公平贸易超越自由贸易，提倡广泛的社会福利等。梁怀新.西方社会民主主义思潮演变及发展趋势探析[J].大连干部学刊，2018，34（3）：54-58.

② 即"社会主义国际"（1889—1916年），是一个工人运动的世界组织。1889年7月14日在巴黎召开了第一次大会，通过《劳工法案》及《五一节案》，决定以同盟罢工作为工人斗争的武器。Wikipedia. Second International [EB/OL].(2020-06-12)[2020-07-25]. https://en.wikipedia.org/w/index.php?title=Second_International&action=history.

③ 德国社会民主主义政党社民党的纲领。该纲领于1959年11月15日在德国巴德歌德斯堡（今德国波恩）举行的社民党大会上批准通过。Wikipedia. Godesberg Program [EB/OL].(2020-07-16)[2020-07-25]. https://en.wikipedia.org/wiki/Godesberg_Program.

1 第一阶段：记者（1963—1968）

1963年，时年19岁的库哈斯开始了5年的记者生涯。作为荷兰《海牙邮报》（*Haagse Post*）[①]杂志社文化专栏记者，他主持了一个名为《人·动物·东西》的专栏版块。身为记者的他比常人多了一份对社会问题的洞察力和分析能力。受冷战时期欧洲社会变革与激荡的氛围影响，他形成了藐视权威、挑战社会传统和固有价值体系的世界观。这份记者工作也促使他日后能用一种超越建筑学的视角去看待建筑与城市的问题。

当时库哈斯时常会采访一些著名人物，但显然他并不迷信权威，例如他介绍柯布西耶的文章标题为《建筑/生活机器：勒·柯布西耶挣了5000荷兰盾》，并且描写勒·柯布西耶的外表为"看上去枯燥易怒，一张只有下嘴唇会动的脸，一对淡蓝色的眼睛，给人留下颇为痛苦的印象"[②]等。这当然可以理解为年轻人的轻狂，但结合库哈斯后期性格特点，不难看出年轻时的他便有了不迷信权威的性格端倪。

对库哈斯影响较大的著名人物如荷兰艺术家康斯坦特·纽文惠斯（Constant Nieuwenhuys）[③]，他在20世纪50年代后来的作品"新巴比伦"（图1、图2）曾引起库哈斯深刻的兴趣和思考，以至于在库哈斯后期的建筑设计方案中都能看到很多类似的自由连续空间、大跨度结构形式以及看上去粗暴、简陋、生硬的空间划分。这种乌托邦式未来城市模型与空间规划构想在库哈斯心中埋下了种子，打开了库哈斯对城市与建筑关系的认知视野。

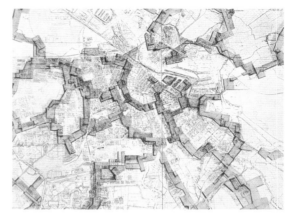

▲图1 "新巴比伦"概念草图：一个架在地面之上的自由迷宫，是一个通过新的建筑和城市空间规划来创造完全自由的生活的乌托邦方案
来源：朱亦民. 1960年代与1970年代的库哈斯(1)[J]. 世界建筑，2005（7）：33-39.

▲图2 "新巴比伦"概念模型：迷宫式的内部空间，人可以自由地改变居住形式
来源：朱亦民. 1960年代与1970年代的库哈斯(1)[J]. 世界建筑，2005（7）：33-39.

青年时代的库哈斯并不是一个激进的改革派分子，身为记者，他洞悉社会百态，关注民生问题，尤其关注弱势群体。按照西方社会的标准，他应该算作中间偏左的社会民主派，所以他对能重构人民生活的"乌托邦式"设计颇感兴趣。

总的来说，5年记者的职业生涯使库哈斯日后看待事物带有一种敢于批判的自信。相比于关注单

---

① 来源：朱亦民. 1960年代与1970年代的库哈斯(1)[J]. 世界建筑，2005（07）：33-39.

② 同①。

③ 康斯坦特·纽文惠斯（Constant Nieuwenhuys, 1920—2005），荷兰画家，雕塑家和图形艺术家。Wikipedia. Constant Nieuwenhuys[EB/OL].（2020-04-09)[2020-07-25]. https://en.wikipedia.org/wiki/Constant_Nieuwenhuys.

个建筑，他更倾向于对人群行为的研究，反对脱离社会经济条件谈论建筑，并对建筑师作为形式缔造者的角色和凌驾于他人之上的特权不屑一顾。

2 第二阶段：学生（1968—1972）

Exodus, or the Voluntary Prisoners of Architecture [逃亡，或建筑的自愿囚徒（图3~图5），以下简称"伦敦墙"]是库哈斯1972年在AA[①]的毕业设计项目。这个项目同时也参加了意大利工业设计协会与《漂亮的房子》（*Casabella*）杂志在同年举办的主题为the City as Meaningful Environment（城市，有意义的环境）的竞赛。

该设计将伦敦地区分为"好"和"坏"两部分，"坏"伦敦的居民理所当然向"好"伦敦不断迁移，当局不得不在二者的边界地带建立了两堵高墙来阻止他们向"好"伦敦地区涌入。这两堵高墙之间的城市尺度空间被分割成许多异托邦式的社区——这个词最早由福柯提出，意为可能存在但好坏未知的社会[②]，这些社区就像一个个带形主题公园，可以满足人们各自不同的需求。最后，原本在迁移的人们自愿被"囚禁"在这样一个有着亲善外表的"监狱"中，每位迁徙者都在"囚禁"中享受着。"The Wall was a masterpiece."[③]

由"伦敦墙"造就的城市空间创造了一种新

▲图3 "伦敦墙"鸟瞰效果图
来源：LUCARELLI F.Exodus, or the voluntary prisoners of architecture[EB/OL].（2011-03-19）[2020-07-25].http://socks-studio.com/2011/03/19/exodus-or-the-voluntary-prisoners-of-architecture/.

▲图4 "伦敦墙"拼贴画
来源：LUCARELLI F.Exodus, or the voluntary prisoners of architecture[EB/OL].（2011-03-19）[2020-07-25].http://socks-studio.com/2011/03/19/exodus-or-the-voluntary-prisoners-of-architecture/.

的城市文化，制造了一个逃避外界恐惧的美好幻境，吸引着人们离开陈旧的栖居地向"好"伦敦疯狂逃亡。"London as we know it will become a pack of ruins."[④]此时建筑沦为一种手段，它使有

---

① 建筑联盟学院（Architectural Association School of Architecture），位于英国，是世界上最具声望与影响力的建筑学院之一，也是全球最"激进"的建筑学院，充斥着赞誉与争议。Wikipedia.Architectural Association School of Architecture[EB/OL].（2020-07-16)[2020-07-25]. https://en.wikipedia.org/wiki/Architectural_Association_School_of_Architecture.

② 尚杰.空间的哲学：福柯的"异托邦"概念[EB/OL].（2014-07-11）[2020-07-25].http://www.cssn.cn/zhx/zx_wgzx/201407/t20140711_1250596.shtml.

③ 意为"这面墙是一个杰作"，出自于库哈斯在该方案设计的文本。FoscoLucarelli.Exodus, or the voluntary prisoners of architecture[EB/OL].（2011-03-19）[2020-07-25].http://socks-studio.com/2011/03/19/exodus-or-the-voluntary-prisoners-of-architecture/.

④ 意为"我们知道伦敦会变成一片废墟"，出自于库哈斯在该方案设计的文本。FoscoLucarelli. Exodus, or the voluntary prisoners of architecture[EB/OL].（2011-03-19）[2020-07-25].http://socks-studio.com/2011/03/19/exodus-or-the-voluntary-prisoners-of-architecture/.

差异的群体相互隔离，利用建筑逃避变革，而这种状态注定会随着日渐增长的社会内部压力变得面目全非。与此同时，伦敦变成了一片无人的废墟。

由此，人们自然而然会联想到当时被柏林墙一分为二的东西柏林。不过在"伦敦墙代表了什么"这个问题上，人们提出了不同见解：一部分人认为库哈斯有意识地将墙中间的无人地带扩大到了城市尺度，这些异托邦式的社区描绘了现实中并不存在的城市空间，而另一部分人则认为这些异托邦代表的是真实存在的西柏林——人们在从东柏林逃往西方世界的过程中迷失了。

库哈斯乐于去探讨敏感政治话题并发表一些激进观点。他多次提及，正是由于20世纪60年代伦敦的"糟糕状态"，才促使他选择了如此激进的毕业设计主题。这里涉及库哈斯求学期间欧洲复杂的文化背景，以1968年爆发的法国"五月风暴"运动[①]（图6）为例，这场在全欧洲兴起的青年文化运动深刻地影响了包括库哈斯、让·努维尔（Jean Nouvel）在内的诸多欧洲青年。青年文化所反抗的经济不景气及社会保守主义，是当时整个欧洲社会的现实。

另外，1957年海因茨·马克（Heinz Mack）[②]发起的零艺术运动[③]是欧洲第一次出现不同国家在艺术领域上的共同合作，各国燃起了重建欧罗巴的雄心壮志，因战争而产生的隔阂与敌视

▲图5 逃亡，或建筑的自愿囚徒效果图
来源：LUCARELLI F.Exodus, or the voluntary prisoners of architecture[EB/OL].（2011-03-19）[2020-07-25].http://socks-studio.com/2011/03/19/exodus-or-the-voluntary-prisoners-of-architecture/.

▲图6 "五月风暴"运动时期游行照片
来源：陈莉雅.乌托邦时代逝去50周年，法国"五月风暴"的亲历者讲述他在1968年那个夏天[EB/OL].（2018-07-24）[2020-07-25].http://www.qdaily.com/articles/55521.html.

在欧洲各国艺术家之间开始消融。与此同时，Archigram、Superstudio[④]（图7、图8）等先锋派事务所脑洞大开，创造了一个个技术乌托邦幻境。

---

① 也称"五月运动""五月革命"或"五月事件"，是1968年春夏之交法国发生的一场学生罢课、工人罢工的群众运动。袁红.法国1968年"五月风暴"述评[J].北京教育学院学报，2003（4）：26-29.

② 海因茨·马克（Heinz Mack, 1931—），德国艺术家。Wikipedia.Heinz Mack[EB/OL].（2020-06-26）[2020-07-25].https://en.wikipedia.org/wiki/Heinz_Mack.

③ 由海因茨·马克和奥托·皮涅（Otto Piene）在德国杜塞尔多夫成立的一个艺术家团体。成员为来自德国、荷兰、比利时、法国、瑞士和意大利的艺术家们。Wikipedia.Zero (art)[EB/OL].（2020-05-18）[2020-07-25]. https://en.wikipedia.org/wiki/Zero_(art).

④ Archigram（建筑电讯学派）是1960年以彼得·库克（Peter Cook）为核心，伦敦两所建筑专业学校学生集团为主体成立的建筑集团。它是新未来主义、反英雄主义和亲消费者的，从技术中汲取灵感，以创造一个仅通过假设性项目表达的新现实；Superstudio（超级工作室）是一个成立于1966年的建筑公司，创始人克里斯蒂亚诺·托拉尔多·迪弗兰恰（Cristiano Toraldo di Francia），致力于通过建筑实现社会变革。其建筑理念影响了包括扎哈（ZahaHadid）、库哈斯、伯纳德·屈米（Bernard Tschumi）等诸多著名建筑师。Wikipedia.Archigram[EB/OL].（2020-06-02）[2020-07-25]. https://en.wikipedia.org/wiki/Archigram.

库哈斯借鉴了俄罗斯先锋派艺术家们的思考与表达方式，典型的有伊万·伊里奇·列昂尼多夫[①]设计的列宁学院（图9、图10），但不同于先锋派乌托邦式的美好理想，他在"伦敦墙"这个设计中认为建筑不一定会创造人类的美好未来，也可能像"柏林墙"那样带来虚妄狂欢表象下的隔离与压制。

同时，库哈斯受意大利建筑理论家曼弗雷多·塔弗里[②]的影响颇为深刻，由此对建筑师的职责进行了反思——他认为建筑师的任务不仅仅是设计、建造房子那么简单，更是一种表达人们意愿的行为，是为了重新夺回被资本主义社会劳动分工剥夺了的文化权利。库哈斯同时对20世纪初现代主义乌托邦[③]方案的现状进行了严厉批判，印度昌迪加尔、英国新城镇等规划的失败，标志着主流建筑学思想已与社会的实际发展脱节，不再适用。原先的现代主义理想，是一心想把社会或城市建立成"工人的城市"，但这种东西事实上

▲图7 超级工作室，《连续的纪念碑（纳沃纳广场）》，1969，拼贴
来源：上海当代艺术博物馆.5场展览，带你走进"超级工作室"的50年[EB/OL].(2017-12-09)[2020-8-10]. https://www.sohu.com/a/209511189_660788.

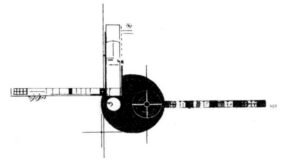

▲图9 列昂尼多夫设计的列宁学院方案平面图
来源：知乎.真正的苏（维埃）式园林应该是怎样的？[EB/OL].（2017-11-02)[2020-08-10].https://www.zhihu.com/question/67370150.

▲图8 超级工作室，《自画像》，1973，拼贴
来源：上海当代艺术博物馆.5场展览，带你走进"超级工作室"的50年[EB/OL].(2017-12-09)[2020-8-10]. https://www.sohu.com/a/209511189_660788.

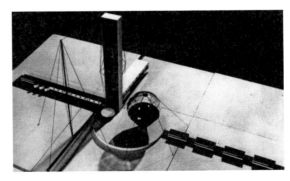

▲图10 列昂尼多夫设计的列宁学院方案模型
来源：王受之.世界现代建筑史[M].北京：中国建筑工业出版社，2012：159.

① 伊万·伊里奇·列昂尼多夫（Ivan Ilyich Leonidov，1902—1959），苏联构成主义建筑师，城市规划师，画家，教师。Wikipedia.IvanLeonidov[EB/OL].（2020-02-18)[2020-07-25]. https://en.wikipedia.org/wiki/Ivan_Leonidov.
② 曼弗雷多·塔弗里（Manfredo Tafuri，1935—1994），意大利建筑历史学家，著有《建筑学的历史和理论》等书籍。Wikipedia.ManfredoTafuri[EB/OL].（2020-07-08)[2020-07-25]. https://en.wikipedia.org/wiki/Manfredo_Tafuri.
③ 此处的乌托邦与前述先锋派的乌托邦一致。乌托邦本身并非一种方案，而是一种原教旨主义的指导思想。（作者注）

并不存在，恩格斯曾提到，无产阶级社会的推进中只有工人对大城市的反抗，也就是说工人和大城市之间矛盾的对立统一才是无产阶级社会的推动力[①]。所以库哈斯等"批判性的乌托邦"思想要先否定现代主义乌托邦的做法，接受当下社会的现实情况，然后才能更好地改造——批判的目的是为了更好地改造，这是一个先破后立的过程。

这些见识、忧虑和思考最终促成了"伦敦墙"这个作品的诞生，这是库哈斯为那个时代的青年敲响的警钟，也是库哈斯作为建筑师对于城市问题关注的开端。

3 第三阶段：OMA[②]（20世纪90年代—21世纪）

3.1 比利时泽布吕赫海码头（1988）

20世纪80年代中后期，随着苏联开始逐渐

走向衰落，欧洲各国在防务上对美国的依赖逐渐减小，欧洲一体化的进程开始加快。原先受制于紧张的国际环境下的很多大型基建项目被提上议程，泽布吕赫海码头（Port of Zeebrugge）就是其中之一。

一直以来，英国以其需要利用海峡作为天然军事屏障的理由反对英吉利海峡隧道的修建，但随着国际局势的变化，上述顾虑逐渐消退。1987年12月1日，英吉利海峡隧道正式开工建设，这个可以追溯到拿破仑时代的想法终于付诸实施。

该隧道的建设极大地鼓舞了库哈斯，他将此事视为欧洲一体化的重大突破。1988年，库哈斯参加了比利时泽布吕赫海码头项目的设计投标。虽然最终这个项目未能建成，但它明确反映出了库哈斯当时的思想。

在该项目中，功能块（图11～图13）间的转换毫无过渡。从传统角度解读，很多人认为这是一种连本科建筑学生都不会犯的低级错误。然而这种解读角度背后有一个问题——功能块之间的

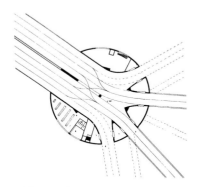 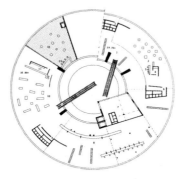 

▲图11 泽布吕赫海码头底层平面图，交通功能块
来源：OMA事务所.泽布吕赫海码头[EB/OL].(2019-07-29)[2020-07-25].https://oma.eu/projects/zeebrugge-sea-terminal.

▲图12 泽布吕赫海码头中部平面图，停车功能块
来源：OMA事务所.泽布吕赫海码头[EB/OL].(2019-07-29)[2020-07-25].https://oma.eu/projects/zeebrugge-sea-terminal.

▲图13 泽布吕赫海码头顶层平面图，休憩观景功能块
来源：OMA事务所.泽布吕赫海码头[EB/OL].(2019-07-29)[2020-07-25].https://oma.eu/projects/zeebrugge-sea-terminal.

① 来源：BRANZI A. The Hot House[M]. MIT Press: Massachusetts, 1986(4): 58.
② 全称"大都会建筑事务所"，于1975年由雷姆·库哈斯、埃利亚·增西利斯（Elia Zenghelis）、玛德伦·维森多普（Madelon Vriesendorp）和佐伊·曾格尔（Zoe Zenghelis）在伦敦创立。目前总部位于荷兰鹿特丹，在美国纽约有分所，是一家专门从事当代建筑设计、都市规划与文化分析的公司。Wikipedia.Office for Metropolitan Architecture [EB/OL].(2020-07-21)[2020-07-25].https://en.wikipedia.org/wiki/Office_for_Metropolitan_Architecture.

关系为什么不可以是很弱甚至是不相关的呢？

鉴于库哈斯在当记者时期兼职过编剧，我们不妨从叙事性建筑的角度来解读这个建筑，将这栋建筑一个个的功能块想象成一幕幕戏剧。如果一栋建筑的场景是可以被描述的，那么各个场景之间的关系应该也是可以被描述的，甚至是不用去解释的。

于是"为什么功能块之间的关系是很弱的甚至是不相关的"这个问题的答案就很明显了，因为整栋建筑的功能块被一种更强大且连续的关联性串联了起来。

从另一个角度来说，场地本身对行为也具有一定的影响力，这种影响有时候并不能阻止事件的发生，却在很多地方改变了事件发生的形式和特性。这里涉及西方舞台剧中一种被称为"场域限定表演"的概念，顾名思义，是依着特定场域所呈现甚至发展而成的演出形式。这样的表演往往需要空间的配合，在表演场域的选择上增加了如市井、工厂、泳池、荒野、海岸、码头等诸多可能。在这类表演中，"场域"是演出中的重要元素[1]。在泽布吕赫海码头（图14、图15）项目中，码头中的场景，就像戏剧中的转场一样，是伴随着隧道的开通而大概率甚至必然会发生的。场域的离散对应着行为的多样化和社会的多元化，而功能块的硬衔接也就反映出对不同文化的包容态度。这样的形式在某种程度上标志着后现代浪潮中去中心化的具体表征。

左翼人士对社会的分析往往以金字塔结构的各个阶级为根本。显然，"金字塔模型"强化了阶级差距，对社会的良性运转十分不利。而泽布吕赫海码头的设计出发点更像是一种"狼群模型"——在资本主义的理论体系中，人类被分为一个个边界清晰、相互争斗的群体。但"狼群模型"的本质是右翼分子为了防止社会矛盾被集中于阶级，为大资产阶级转移矛盾而炮制出来的假概念，简单来说，就是"用族群矛盾掩盖阶级矛盾"。

在笔者看来，相较于此前"伦敦墙"中显露出的对城市问题的关注，此次的码头方案是库哈斯真正开始利用建筑解决社会问题的开端。而从

▲图14　泽布吕赫海码头立面图
来源：OMA事务所.泽布吕赫海码头[EB/OL].(2019-07-29)
[2020-07-25].https://oma.eu/projects/zeebrugge-sea-terminal.

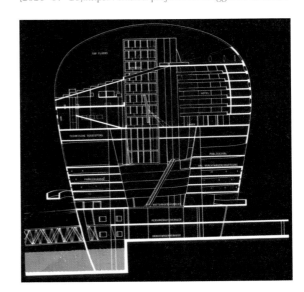

▲图15　泽布吕赫海码头剖面图
来源：OMA事务所.泽布吕赫海码头[EB/OL].(2019-07-29)
[2020-07-25].https://oma.eu/projects/zeebrugge-sea-terminal.

---

① 来源：YUAN H. 空间的表演性：浅谈英国场域限定表演[EB/OL].（2020-03-17）[2020-07-25].https://www.sohu.com/a/380848168_655396.

泽布吕赫海码头到下文的西雅图中央图书馆，是"狼群模型"到"金字塔模型"的转变，也是库哈斯设计历程上的一次大的跨越。

3.2　西雅图中央图书馆（1999—2004）

在西雅图中央图书馆（图16）的设计中，库哈斯从街区尺度入手，试图在不挑战现有国家制度的情况下利用建筑发出号召，进行温和的渐进式改革。实际上，这栋高11层的改造建筑并非单纯的图书馆。除了馆藏的145万余份书籍资料外，它还提供了大量开放性多媒体应用。在第5层，这里有超过400台计算机供读者下载资讯和网络文献。库哈斯认为书已经不应该再被视为一个图书馆的主体，人们往往会通过各种其他的媒介（比如网络）来完成曾经由书承担的功能。所以这个图书馆的定位也相应地变成了"社会中心点"。

库哈斯自己对图书馆的描述是，"当建筑师在讨论空间的时候，他们讨论的其实是一个容器。理论永远没办法完全定义空间，空间最终会成为事件的容器。"[①]所以在这个作为"社会中心"的图书馆中，只有32%的空间留给了书（图17）。在剩余的空间里，可以看到，往常应该设置问询台的地方成了类似餐吧的区域，公共空间里书架的高度和密度都很低，形成一种很直观的社交空间（图18～图22）。

图书馆在建成之后，如预期的一样，对这个区域产生了影响。大量流浪汉可以在这个公共空间里参与正常的社会活动，他们可以使用网络以及其他的媒体来获取和传递信息，不至于完全被主流社会孤立。项目赋予了这些人知情权，这是

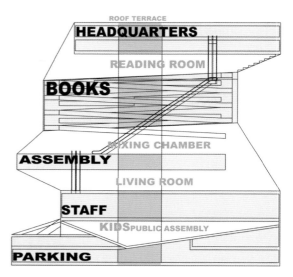

▲图17　西雅图中央图书馆功能分布图
Roof Terrace：屋顶平台；Headquarters：总部；Reading Room：阅读厅；Books：图书层；Mixing Chamber：混合室（指各种要素汇集交互的空间）；Assembly：装配层（指预备工作场所）；Living Room：客厅；Staff：员工层；KIDSpublic Assembly：儿童公共集会处；Parking：停车场。
来源：OMA事务所.西雅图中央图书馆[EB/OL].(2019-10-28)[2020-07-25].https://oma.eu/projects/seattle-central-library.

▲图16　西雅图中央图书馆立面图
来源：OMA事务所.西雅图中央图书馆[EB/OL].(2019-10-28)[2020-07-25].https://oma.eu/projects/seattle-central-library.

---

① 来源：AC建筑创作.雷姆·库哈斯："明星"是建筑界最恶劣的毒药[EB/OL].（2018-10-18）[2020-8-10].https://zhuanlan.zhihu.com/p/26423090?utm_source=qq&utm_medium=social&utm_oi=548980619347009536&utm_content=sec 原载于：库哈斯."明星化"的毒药[J].建筑创作,2017,Z1: 310-321.

▲图18　西雅图中央图书馆分析图
来源：OMA事务所.西雅图中央图书馆[EB/OL].(2019-10-28)
[2020-07-25].https://oma.eu/projects/seattle-central-library.

▲图21　西雅图中央图书馆电子阅读空间
来源：OMA事务所.西雅图中央图书馆[EB/OL].(2019-10-28)
[2020-07-25].https://oma.eu/projects/seattle-central-library.

▲图19　西雅图中央图书馆室内社交空间
来源：OMA事务所.西雅图中央图书馆[EB/OL].(2019-10-28)
[2020-07-25].https://oma.eu/projects/seattle-central-library.

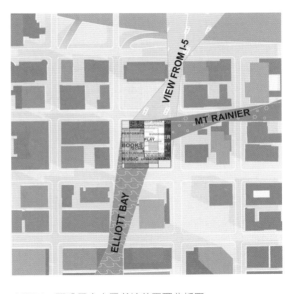

▲图22　西雅图中央图书馆总平面分析图
View From 1-5：1-5层视野；MT Rainier：即Mountain Rainier，雷尼尔雪山，位于西雅图附近；Elliott Bay：依利雅特湾，位于西雅图。
来源：OMA事务所.西雅图中央图书馆[EB/OL].(2019-10-28)
[2020-07-25].https://oma.eu/projects/seattle-central-library.

▲图20　西雅图中央图书馆阅读空间
来源：OMA事务所.西雅图中央图书馆[EB/OL].(2019-10-28)
[2020-07-25].https://oma.eu/projects/seattle-central-library.

基本的社会权利。虽然这听起来没什么，但是对比一下大多数公立图书馆（比如MVRDV设计的天津滨海新城图书馆）往往只有普通市民光顾，而且一般都是学生作为自习室使用或者只是单纯被游客作为拍照景点，应该很容易就能感受到库哈斯的作品里呈现出的对权力关系和社会影响思考的独特性：信息是图书馆传递的主要物质，而信息本身可以视为权利的载体。每个人在社会生活中都需要获取和交换信息，甚至在一定程度上你能获取和制造的信息就定义了你的社会身份。西雅图中央图书馆作为一个公共项目，并没有把图书馆打造成传统意义上的学习场所。相反，作为地标性的空间却对使用者没有任何筛选（免费的图书馆很多，但是能让流浪汉安心使用的图书馆几乎没有），它对事件的安排并不是很多建筑师平时讨论的功能，而是一种对社会存在方式的理解。

当我们读德勒兹[①]的《关于控制的社会》，能从里面读到社会组织对我们的影响，或者在讨论全景敞视主义[②]的时候作者能直接告诉我们视线产生了狱卒与囚犯之间不对等的权力关系等。而当库哈斯讨论这些问题的时候，他用建筑来表达自己的立场并且并不对他的观点给予任何说明，他的宣言往往不会清晰地写在纸上。

一直以来，建筑师们对于地区的网红化和包装化有很多批判，但最终绝大多数明星事务所的作品还是选择了服务资本。比如纽约的哈德逊庭院开发方案，建筑师一边批判权力和资本通过种种漏洞挤压穷人的生存空间从而服务当权者，一边又需要权力和资本的支持来实现自己的项目。尽管库哈斯讨论的问题很多人讨论过，但诸如Archigram、Superstudio之类都只是把这种讨论放在虚构的无法实现的类似于文学作品的设计

中，而库哈斯则是通过实体建筑试图把他的思考转化为我们真正能接触得到的社会影响。

3.3 中国北京中央电视台总部大楼（2002—2012）

> 建筑深刻地受到政治因素的影响，CCTV总部大楼就是个典型的例子。——雷姆·库哈斯

2001年7月北京申奥成功，同年12月中国加入WTO。世纪之交的中国迎来全球化的机遇，当时政府和人民都需要一种象征城市精神的纪念碑去远眺未来的发展。此时，中国国家广播电视总局提交了新台址建设工程立项的申请报告。2002年12月20日，OMA的方案夺得中央电视台总部大楼（以下简称CCTV大楼）（图23、图24）的建筑竞标。最终库哈斯成功打造出了令人印象极深的地标建筑，让大家看到CCTV大楼就想到北京，想到了这个城市的雄心与开放。

库哈斯对这个东方建筑背后的意义感到非常兴奋。他认为这象征着西方霸权主义结束后东方力量的崛起。库哈斯童年时期曾在荷属东印度生活过，他目睹了这个国家的独立。当地人民为欧洲势力的离开而欢呼庆祝。库哈斯很好奇，西方势力的衰微究竟会对建筑产生怎样的影响？

日本的"新陈代谢"运动[③]或许带来了这一背景下思考建筑和规划的新方式，同时也使建筑师扮演了新的角色，即帮助实现国家理想。库哈斯惊奇于这一重大发现——在欧美之外的建筑竟

① 吉尔·德勒兹（Gilles Deleuze，1925—1995），法国著名哲学家。Wikipedia.Gilles Deleuze[EB/OL].(2020-07-22) [2020-07-25].https://en.wikipedia.org/wiki/Gilles_Deleuze.

② 由法国哲学家米歇尔·福柯（Paul-Michel Foucault）在20世纪70年代所著的《规训与惩罚》中提出的一种独特的规训手段。全景敞视建筑作为一种以空间来表征权力的理想范式和极致模板，其影响已广泛渗入当今社会的各个角落。Wikipedia.Panopticon[EB/OL].(2020-06-21)[2020-07-25].https://en.wikipedia.org/wiki/Panopticon.

③ 源于20世纪50年代，由一批年轻的日本建筑师及设计师联手推行的建筑设计运动。该运动理念是建筑物由一些可拆换的模块组成，通过逐渐拆换模块在多年后也许整栋建筑都由新模块组成，而达成一种动态更新。Wikipedia. Metabolism (Architecture)[EB/OL].(2020-06-17)[2020-07-25].https://en.wikipedia.org/wiki/Metabolism_(architecture).

能够承载这样的主动权。

库哈斯认为这个项目极为明显地表达了中国社会主义的特色，尤其能表达它对中国现代化进程的贡献①。他设计了一个慷慨的公共空间——巨大悬挑的下部空间，在他的设想里，人民会聚于此，进行着各种各样的活动和交流。这些想法都来源于他对人民行为的关注。"这座建筑放在世界的其他任何地方都不可想象。"库哈斯如是说道。然而，由于对制度理解的不充分加上中西方文化观念的差异，最终这些美好的社会图景和建筑实践未能实现，使这个项目今天看起来有些无所适从或言不由衷。

▲图23　北京中央电视台总部大楼远景
来源：OMA事务所.北京中央电视台总部大楼[EB/OL]．(2019-10-25)[2020-07-25].https://oma.eu/projects/cctv-headquarters.

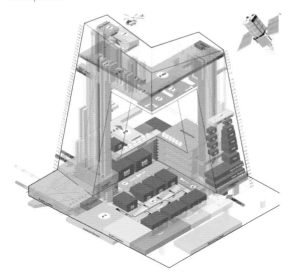

▲图24　北京中央电视台总部大楼功能分布图
来源：OMA事务所.北京中央电视台总部大楼[EB/OL]．(2019-10-25)[2020-07-25].https://oma.eu/projects/cctv-headquarters.

4　总结

"建筑产生于人的需要，人们对空间有需要所以才出现了建筑。"这种逻辑让建筑肩负的责任局限于"使世界变得更美好"，而非"创造一个新世界"。事实上，建筑师们也做不到。社会形态是在经济行为、生理行为和社会行为共同作用下产生的，这几个要素跟设计本身都不搭边。只是当社会主义社会出现后，政治理想与建筑理想不谋而合，一些建筑师们才产生了"建筑学是可以指导社会的"这一虚妄的幻想。

库哈斯并没有对建筑学抱有不切实际的幻想；相反，他深知"建筑很难影响社会，反而随时会被社会所改变"这一事实。在新的建筑学困境下，建筑师的作为与当年的社会民主党人如出一辙——"财主一皱眉，他们就后退，把那神圣的旗帜降下来"②。也正是因为与几十年前的社会主义者面临着相似的困境，库哈斯才会在"利用当下性"这件事情上与社会民主党人显得不谋

① 来源：AC建筑创作.雷姆·库哈斯："明星"是建筑界最恶劣的毒药[EB/OL]．(2018-10-18)[2020-8-10].https://zhuanlan.zhihu.com/p/26423090?utm_source=qq&utm_medium=social&utm_oi=548980619347009536&utm_content=sec 原载于：库哈斯."明星化"的毒药[J].建筑创作，2017，Z1：310-321.

② 出自歌曲《红旗》（The Red Flag），1824年由恩斯特·安修斯作曲，1889年由吉姆·康奈尔作词。是一首左翼与社会主义歌曲，寄调19世纪的德国圣诞颂歌《哦，圣诞树》。它是英国工党、北爱尔兰社会民主工党和爱尔兰工党的党歌。英文原文为：To cringe before the rich man's frown. And haul the sacred emblem down.Wikipedia.The Red Flag[EB/OL].(2020-07-11)[2020-07-25].https://en.wikipedia.org/wiki/The_Red_Flag.

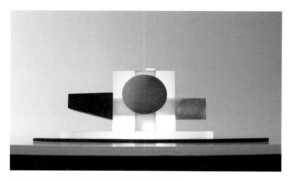

▲图25 台北表演艺术中心模型照片
来源：OMA事务所.台北表演艺术中心[EB/OL].(2019-01-07)
[2020-07-25].https://oma.eu/projects/taipei-performing-arts-
center.

▲图27 葡萄牙波尔图音乐之家（1999—2005）
来源：OMA事务所.音乐之家[EB/OL].(2018-11-06)[2020-07-
25].https://oma.eu/projects/casa-da-musica.

▲图26 荷兰鹿特丹办公大楼（1997—2013）
来源：OMA事务所.鹿特丹办公大楼[EB/OL].(2019-08-06)
[2020-07-25].https://oma.eu/projects/de-rotterdam.

而合。于是，在感到西方民主社会无法为建筑学的困境提供解决思路的时候，库哈斯开始将目光转向东方，寻求答案。

这些举动充分证明了库哈斯是一个勇敢的理想主义者。罗曼·罗兰曾说，"世界上只有一种英雄主义，就是在认清生活的真相后依然热爱生活。"在库哈斯的毕业设计中，"墙"是一开始就存在的，是社会变化的产物，而建筑师所要做的，也只是在"墙"已然存在的现实情况下，尽力弥合两个世界间的冲突。日后在同样面临建筑学困境的时候，库哈斯也没有同其他许多建筑师一样空喊口号，却无视一些微小但实际存在的问题，即使最终设计与其目标差了十万八千里，也不影响他们最后与同行陶醉于自我编织的梦境而无法自拔，并在梦境不可避免地破裂后，走向另一个极端——以"建筑的无力"为借口，对自己本该负有的责任撒手不管。库哈斯在与现实的妥协中，一直坚持着自己的理想与信念，进行大量而细致的分析，解决着一个个微小的社会问题。这份清醒和勇敢在新时代到来后得到了越来越多人的认同，并将这种难得的清醒逐渐发扬光大（图25～图27）。

主题4：
建筑学语境下的自然

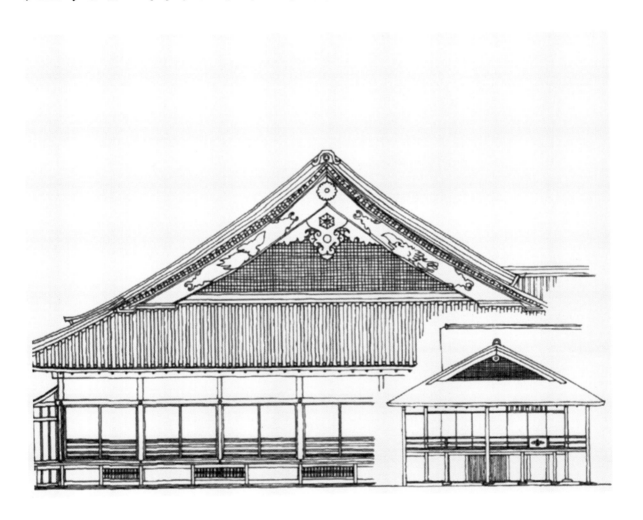

◎ 桂离宫——从自身逻辑与现代主义两条线索出发的解读／125

◎ 游线与边界融合视角下的游园观演变浅析——以留园和方塔园为例／139

◎ 即物·即境——关于废墟的一点探讨／153

桂离宫——从自身逻辑与现代主义两条线索出发的解读

Katsura Imperial Palace
——Interpretation From the Perspective of Primitive Logic and Modernism

吴正浩 金逸超 / 文

引言

桂离宫（Katsura Imperial Villa），是日本传统皇家园林，被公认为日本传统美学之典范，包括诸多不同风格的茶室和不同设计手法的园林。其中不同建筑由不同时期的不同人员建造，其自身便构成了一个多重时空建筑语言并置的多义文本[①]。又因布鲁诺·陶特（Bruno Taut）、勒·柯布西耶（Le Corbusier）和瓦尔特·格罗皮乌斯（Walter Gropius）的推崇，桂离宫在20世纪被再"发现"成为一个矛盾的、作为现代主义宣言的东方传统[②]。那么，桂离宫自身在历史上的生成逻辑是怎么样的？为何会受到西方现代主义建筑师的青睐？本文试图从建筑师的角度，通过桂离宫自身逻辑和现代主义视角两条线索来回答上述问题。

---

① ISOZAKI A.The Diagonal Strategy: Katsura as envisioned by "Enshu's taste:", Katsura: Imperial Villa[M].New York: Phaidon Inc Ltd,2005.
② 杨涛, 魏春雨, 李鑫. 作为现代主义宣言的东方传统: 3位西方建筑师与桂离宫（上）[J]. 建筑学报, 2017（10）: 99-105.

1 建造与格局

1.1 建造历史

桂离宫原名桂山庄，或称桂别业，因桂川而得名，位于京都市西南右京区的桂川附近（图1），该地自古作为赏月名胜之地而闻名遐迩，自平安时代起，这一带就是贵族兴建别墅、狩猎、度假的佳所。其中也包括藤原道长的"桂家"，据说是《源氏物语》中"桂殿"的原型。

江户时代，智仁亲王追求藤原道长别墅的遗迹，在茶道文化代表人小堀正春协助之下始建桂山庄，自1615年起的50余年间，智仁亲王和其子智忠亲王先后主持了3个阶段的修建，方才建成桂离宫（图2、表1）。

第一阶段是在1615—1624年，智仁亲王修建古书院和进行简单的庭园布局，即垒了两座小假山，并建立了一座简单的茶屋，奠定了山庄回游式庭园的性质。此时该处称为桂山庄，只用作别墅，亲王偶尔在此小住，智仁亲王于1629年辞世，而后山庄荒废。

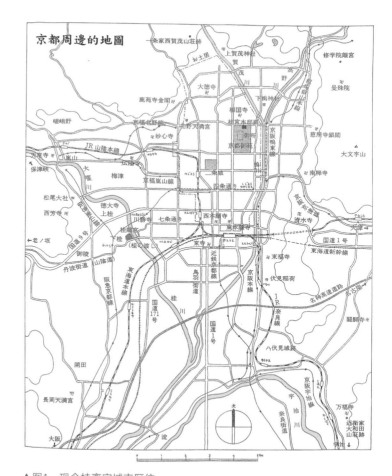

▲图1　现今桂离宫城市区位

来源：改绘自斋藤英俊. 桂离宫：日本建筑美学的秘密[M]. 3版. 张雅梅, 译. 台北：马可波罗文化, 2016.

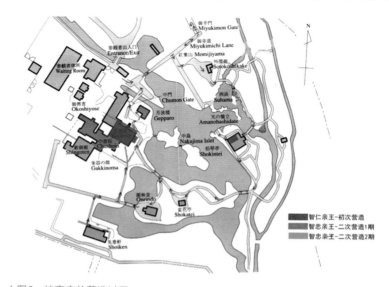

▲图2　桂离宫的营造过程

来源：胡佳林. 隐匿的时间性轴线：月与桂离[EB/OL]. (2017-04-24)[2020-09-06]. https://www.archiposition.com/items/20180525110014.

表1　桂离宫修建过程

时间	修建部分	山庄功能	山庄性质	主要设计人员
1615—1624 年	整理土地、新建古书院；进行简单庭园分布，垒成土坡，建茶屋	小住、小型聚会	偶尔小住的别墅；回游式庭园	智仁亲王、小堀正春
1641—1649 年	修建古书院、加建中书院；维修赏花亭与万字亭（四腰挂），新建松琴亭、月波楼、园林堂	常住寝殿、更多人数的集会	日常生活的寝殿；舟游式庭园	智忠亲王、小堀正春
1662 年	加建新御殿和乐器之间；再度优化庭园布局，设置天皇专属进入建筑路径	能够对应皇家仪式的日常住所	满足皇室礼仪的行宫	智忠亲王、小堀正春

来源：作者整理。

第二阶段是在1641—1649年，智忠亲王在古书院的基础上增建中书院，完善庭园布局。整理工程包括池畔的护岸修复、庭园点景石归位、栽种植物、整顿庭园步道等，以及修缮庭园中原有的御茶屋，并新建松琴亭、月波楼、园林堂；此时，桂离宫的功能属性发生了变化，从原来的别墅转换成日常生活的寝殿，从回游式庭园转向舟游式庭园[①]。

第三阶段是1662年为迎接水尾上皇驾临，容纳皇家的仪式和待客需求，山庄增建新御殿和乐器之间，并进一步完善庭园的布局。

1883年桂山庄成为皇室行宫，改名桂离宫。

1.2　总体布局

桂离宫东面是一条名叫桂川的河流，向西为下桂村，向南是山阴道，向北为敞开的田园，呈现出建筑在西、池水在东的布局，以更好地欣赏东升之月（图3）。

桂离宫主要入口及辅助入口都在北面，用地中心位置是大面积的池塘，主要建筑御殿在池塘的西北侧，为古书院、中书院、乐器之间和新御殿，其西侧还有二层的旧官署、休息室和管理办公室，环绕庭池和池中小岛（中岛）有笑意轩、园林堂、赏花亭、松琴亭、万字亭（四腰挂）和

▲图3　桂离宫横剖面
来源：改绘自斋藤英俊.桂离宫：日本建筑美学的秘密[M].3版.张雅梅，译.台北：马可波罗文化，2016：10.

---

① 舟游式庭园指以池为中心，具备岛屿、桥梁建筑并备有游览船只的庭院。佐野绍益处在《热闹草》中记录智忠亲王根据《源式物语》中的中式画舫构思池中"楼船"。见：欧颖.桂离宫庭园艺术与建筑艺术浅析[D].北京：北京林业大学，2009：9-10.

月波楼等附属建筑，与池、岛、桥、石、树木一起构成了现在的桂离宫（图4）。

2 桂离宫生成的内在逻辑

本文将以表象和内因为切入点，从平面布局、空间特质、风格与装饰3个方面来试图梳理出桂离宫生成的内在逻辑。

2.1 平面布局——不对称的雁行式

2.1.1 表象

桂离宫3个阶段的扩建过程能够在平面布局中清晰识别：从带有月见台的古书院开始，逐步建造中书院、乐器之间、新御殿；所有住房都以相同角度面向池塘，同时逐步后退。这种平面布局被称为雁行式。同时，从平面上看不出任何轴线的暗示，甚至连组团空间也找不出对称关系（表2）。

2.1.2 内因一：平面先行，结构后置

桂离宫的建造逻辑是平面先行，结构后置，其平面尺寸的敲定是以六尺三寸（约1.9米）榻榻米为基准的内法制，即先用一种六尺三寸的标准化榻榻米对平面进行布置，再将柱子设置在榻榻米之间。以平面需求为核心的布局，为平面的不对称提供了条件。

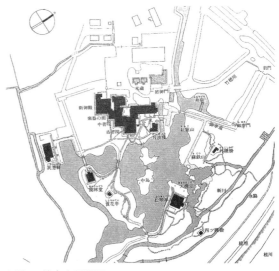

▲图4 桂离宫平面图

来源：改绘自斋藤英俊. 桂离宫：日本建筑美学的秘密[M]. 3版. 张雅梅, 译. 台北：马可波罗文化，2016：2.

此外，桂离宫每一次修建的主要房间都采用田字格的布局方式，而后展开布置其他的附属用房，如古书院，是以一之间、二之间、玄关之间和茶汤所构成田字格中心（图5），其原因是日本和式建筑以"间"为单位，每一间的前后左右4个方向均能与另一间相连，而且房间不必要呈现对称式布局，所以会在平面优先的逻辑下，演变出不对称的形式。

2.1.3 内因二：尊卑制度的空间体现

古书院原来为起居空间，后改为待客空间，中书院为亲王居住空间，新御殿为天皇之

表2 桂离宫修建过程

表　象	内　因
建筑总体布局不对称，呈现由L形走廊相连的雁行式的平面 关键：不对称、雁行式	平面生成的逻辑
	空间的功能属性
	茶道的仪式性
	景观的双向视角

来源：作者整理。

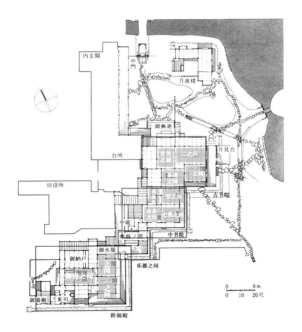

▲图5　桂离宫"田"字布局逻辑
来源：改绘自斋藤英俊. 桂离宫：日本建筑美学的秘密[M]. 3版. 张
雅梅，译. 台北：马可波罗文化，2016：134-135.

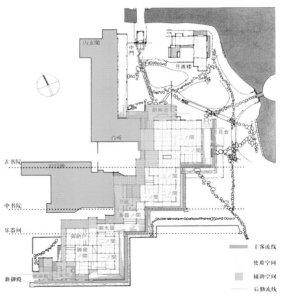

▲图6　桂离宫功能、流线分析
来源：改绘自斋藤英俊. 桂离宫：日本建筑美学的秘密[M]. 3版. 张
雅梅，译. 台北：马可波罗文化，2016：134-135.

行宫，三者向着入口反方向退去符合日本的尊卑制度，即越是尊贵者其居所在整体空间的位置则越"深"。同样，雁行式的布局还暗含着主仆有别，一个主要房间及其对应的后勤用房组成一个单元，而辅助房间沿对角线方向退到比较隐蔽的位置，主仆路线完全分开（图6）。

2.1.4　内因三：景观的对应性

最先建造的古书院向着东南旋转19°面向池塘，以获得观看中秋月圆池塘倒影的最佳朝向，而其后的建筑为获得最佳赏月角度也将主要朝向保持为该朝向。同时，为将其他朝向的景观也纳入其中，建筑主体需向湖面的反方向退后而形成雁行式的布局。该布局也为湖上回望提供了良好的景致。3个组团依次退后形成台阶式的外轮

廓，产生的连续曲折的建筑轮廓丰富了建筑的层次，创造了一种耐人寻味的深远立面。

2.1.5　内因四：茶道仪式的适应性

茶道仪式中，小堀远州和古田织部发展出来的茶具摆放构图被称为Sumikake（即角部布置），或者Sujichigai（即移动条痕）。起初这是某些器具如筷子以同样角度并列摆放的方法，后用来象征对角线排列的物体。智忠亲王和小堀正春精通茶道，雁行式的布局也符合茶道的仪式布局[①]。

2.2　空间特质——暧昧的空间关系

桂离宫的建筑室内空间之间以及室内外之间

---

① ISOZAKI A. The Diagonal Strategy: Katsura as envisioned by "Enshu's taste", Katsura: Imperial Villa[M]. New York: Phaidon Inc Ltd, 2005.

呈现出一种空间的暧昧性和流动性，本文分室内空间和室内外空间展开论述（表3）。

2.2.1 室内空间暧昧表象

桂离宫室内空间围合界面多为木板墙、木板门、纸质屏风、透明纸质推拉门等，呈现出多种透明性，其单元内部交通空间与室内使用空间呈现整合的状态，此外，室内是用榻榻米完全覆盖的，此处关键要素是榻榻米和推拉门。

2.2.2 室内空间暧昧内因

日本因便利的木材获取，其传统建筑多为木梁柱的结构体系，其墙体、门等维护构件可脱离承重体系而单独存在。同时，日本人为了应对海洋性气候带来的潮湿，在实践中摸索出架空地面层的高床建筑（图7），架空主要通过方木搭建，也意味着其上方不大会再出现砖与土墙，而长期保持木结构的体系。这两点决定了桂离宫采用木制或纸质等材料作为其轻质围合。

日本人的生活习惯席地起居，对地面材质则有要求，在桂离宫中，整个室内采用了榻榻米满铺的设计方式，地面材质呈现一体化，是行为在各个空间无缝交融产生的必要条件。而从房间

的组织逻辑看，桂离宫每个单元都是"书院造"的变形风格，基本布局为一间主屋，周围有数间厢房环绕，房间结合十分紧密，这样的布局下，为了解决到达性，房间和房间会在分隔处设门，从而实现了一种使用空间和交通空间重叠的可能性。

▲图7　高床建筑地面架空示意
来源：斋藤英俊. 桂离宫：日本建筑美学的秘密[M]. 3版. 张雅梅，译. 台北：马可波罗文化，2016：79.

表3　桂离宫空间暧昧的表象与内因

表 象		内 因	
室内	建筑的室内空间之间呈现出一种空间的暧昧性、流动性 关键：榻榻米、推拉门	席地而居的生活方式	榻榻米满铺，地面空间一体化
		"田"字中心对称的房间布局	使用空间和交通空间重叠的可能性
		高森林覆盖率，木材多	围合脱离承重的木梁柱体系
		对应气候的功能	高床，底部架空，围合走向木逻辑
室外	建筑的室内外空间之间边界模糊，空间一体化 关键：缘侧和自然观	对应气候的功能	围合脱离承重的木梁柱体系
		多重方位的景观体验诉求	—
		解读自然的方式	—

来源：作者整理。

2.2.3　室内外空间暧昧表象

室内和室外相互融合渗透，不可分割，自然与室内之间产生了多层级的过渡，桂离宫的古书院、中书院和新御殿南向错动的缘侧，通过架空的木制平台创造了一个迷人的过渡，此处关键要素是侧缘（图8）。

桂离宫中的自然是被赋予新的意义、需要被鉴赏的自然，是文学化的自然，外界和自然在这里是观赏者主观感情和感性的反映。如智仁亲王理园赏月的时候，他看到的不是实际的月亮，而是自我设定的抽象小天地，自己是《源氏物语》中的光源氏，在月光下游吟赏景的场景。所以我们看到的事实上是建筑与这种文学化、盆景化的自然的融合的现象。

2.2.4　室内外空间暧昧内因

面向景观的过渡空间的多层次来自于多重的景观介入建筑的方式。以桂离宫中古书院为例，整个建筑主要朝向为东方，即月亮升起的地方，创造了3种不同的观赏体验空间，即室内、侧缘上、月见台上（图9）。从室内看，整个庭院被设计者运用技巧通过门槛和移门限定，以一种似"画框"般的平面构图呈现景观（图10）；从侧缘看，观赏者位于灰空间中，处于室内和室外的中间态，建筑感削弱，但依然有所倚靠（图11）；从月见台看，观赏者完整地暴露在自然之中，与景观融为一体（图12）。

2.3　风格与装饰——华丽的谦卑

桂离宫向世人呈现这样一种表象（表4）：高贵的材料，极少的、简约的装饰，谦卑亲和的建筑风格。格罗皮乌斯称之为"华丽的谦卑"（noble poverty）[①]。此处分为整体风格和材料装饰两个部分进行论述。

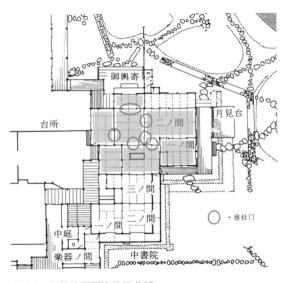

▲图8　古书院平面流动性分析

来源：改绘自斋藤英俊. 桂离宫：日本建筑美学的秘密[M]. 3版. 张雅梅，译. 台北：马可波罗文化，2016：134–135.

表4　桂离宫风格与装饰之表象与内因

表　象	内　因
建筑屋顶外鼓，具有轻盈、朴质亲和的草庵风书院风格；材料高档，装饰简约，具有禅意与文化意味　关键：华丽的谦卑	宫廷审美与隐士审美的结合
	自然审美出发的装饰逻辑
	设计者文化修养的物化表现

来源：作者整理。

---

① GROPIUS W, TANGE K, ISHIMOTO Y. Katsura: Tradition and Creation in Japanese Architecture[M]. New Have: Yale University Press, 1960.

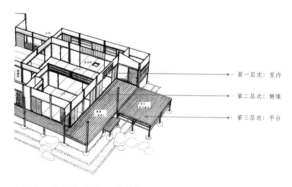

▲图9 古书院观景层次分析
来源：改绘自斋藤英俊. 桂离宫：日本建筑美学的秘密[M]. 3版. 张雅梅, 译. 台北：马可波罗文化, 2016：46.

▲图10 从古书院室内看庭园
来源：石元泰博摄。

▲图11 从侧缘看庭园
来源：作者自摄。

▲图12 从月见台看庭院
来源：GROPIUS W, TANGE K, ISHIMOTO Y. Katsura: Tradition and Creation in Japanese Architecture[M]. New Have: Yale University Press, 1960.

2.3.1 整体风格表象

桂离宫中暗含了日本弥生文化和绳文文化两种风格。弥生文化是日本上层系谱的文化风格，在桂离宫中表现为书院造，这和同时代的二条城二之丸御殿大广间一致。而绳文文化则代表了日本的下层谱系中文化风格，如草庵风茶室、农舍建筑。这种风格体现在桂离宫中表现为它具有草庵风茶室的特征，最为突出的就是它略呈微微向外鼓起的屋顶和简约的装饰。

日本传统的建筑物无论是寺院、神社、城郭，或者是贵族、将军、大名的宅邸，屋顶成反宇形式，如二条城二之丸御殿大广间。而桂离宫的屋顶的形式一般不会出现在贵族的宅邸中，而是茶室或者底层人民房中（图13）。

2.3.2 整体风格内因

桂离宫采用外鼓式屋顶并非取材底层人民，而是出于对隐士文化的欣赏与追逐。中世隐士遁隐山林或是离群索居，在山中或是海边建造一间可供遮雨避风的简单房舍，叫作草庵。这个草庵大多采用松木、杉木或竹子制成，采用外鼓式屋顶，往往规模小、造型精巧。

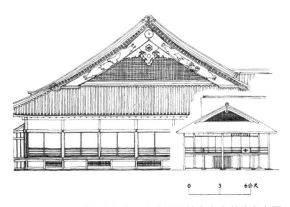

▲图13　二条城二之丸御殿大广间同桂离宫古书院南立面对比

来源：斋藤英俊. 桂离宫：日本建筑美学的秘密[M]. 3版. 张雅梅，译. 台北：马可波罗文化，2016：121.

智仁亲王受到的中世纪文化的教育和其两次接近最高天皇权力而不得的经历，使其在建造桂离宫的时候，融合了对隐士文化的追求，除了修建独立的御茶亭以外，直接将这种草庵的形态引入住宅建筑本身，大体上保留了原造型要素。

2.3.3　材料与装饰内因

桂离宫的取材是出于一种简单自然以及文化性的审美情趣和材料性能考量。

设计者对于上文中提及的隐士的欣赏，可以看出材料大致与其相仿，同时，设计者也与隐士有着相近的审美，即日本传统的侘寂美学，欣赏一种精致而又朴素的美。采用障壁画作为室内围合的饰面则体现了一种文人的文化性审美，体现了风流，创造了自我陶醉的主题化空间。再者，统一上色的木结构除了视觉上更纯粹、统一之外，还具有防虫、防腐之效。当然，桂离宫的装饰性也并非完全的纯粹，如新御殿是为了迎接水尾天皇而建，即反映了智忠亲王和水尾天皇的双重爱好，故而风格与中书院和古书院略有不同，

装饰性会略强于古书院和中书院，后世现代主义者极力诟病这一点，但在当时确实是与天皇身份相匹配的装饰。

3　桂离宫与现代主义

3.1　陶特"发现"桂离宫

1933年，陶特为躲避德国纳粹迫害而离开德国，最后于5月3日抵达日本。次日陶特便受东道主——日本现代主义建筑师上野伊三郎（Isaburō Ueno）之邀参观了桂离宫，并留下了美好的印象。他在当天的日记中如此评价桂离宫"浑然天成、毫无做作、震撼人心，像孩子般纯洁无瑕，简直就是现代理想建筑之典范"[①]。此后，陶特撰写了《日本：欧洲人眼中的日本》[②]。在书中，陶特叙述了自己对日本各个方面的印象，书稿分为5章，其中一章为《桂离宫》。8月，陶特在参观伊势神宫后又新撰写了《伊势》一章，并一同作为全书的结尾，即《纽约的方向？不——沿着桂离宫的道路！》。

陶特在旅居日本的三年半时间里，前后共出版了4部著作，在这些著作中，桂离宫一直是陶特重点论述的对象。书中的这些解读通俗易懂，能被大众所接受；同时也是现代主义建筑从反对虚假的装饰、重视功能的角度出发而进行的解读。陶特第一次将桂离宫介绍给现代建筑界，在此之后，桂离宫开始逐渐被视为日本美学的典范（图14）。

3.2　从现代主义角度对桂离宫的解读

陶特对桂离宫评价道"浑然天成、毫无做作、

① 布鲁诺·陶特. 日本日记[M]. 绿田英雄，译. 东京：岩波书店，1975.
② TAUT B. Fundamentals of Japanese Architecture[M]. Tokyo: Kokusai Bunka Shinkokai, 1939.

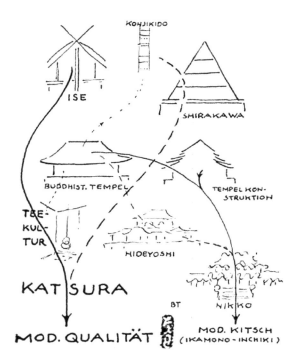

▲图14 左侧从上至下：伊势神宫、佛教寺庙、茶文化、桂离宫，现代品质；
右侧从上至下：白川合掌造，寺庙建筑，日光东照宫，现代媚俗（虚假的装饰）；
中间从上至下：中尊寺金色堂、西本愿寺飞云阁
来源：TAUT B. Fundamentals of Japanese Architecture[M]. Tokyo: Kokusai Bunka Shinkokai, 1939.

震撼人心，像孩子般纯洁无瑕，简直就是现代理想建筑之典范。"此外，以海诺·恩格尔（Heino Engel）与詹克斯（Charles Jencks）等西方现代建筑评论家分别在他们的著作《日本住宅的度量与营造》[1]与《晚期现代建筑及其他》[2]中都提及日本传统建筑存在着很多与现代建筑理念不谋而合的共性，这提供了一个从现代主义的角度出发去解读桂离宫的可行性[3]。

前文从桂离宫的生成逻辑出发，探讨桂离宫的平面、空间、装饰与风格、景观构成的背后的自身成因（图15）；下文将从西方现代主义的角度出发，分别对应解读桂离宫的平面、空间（图16）、装饰与风格（图17）。这种解读可以理解为将桂离宫作为一个东方传统的客观存在，在西方现代主义的视角上的投射，并且这种投射存在着一定程度的扭曲。

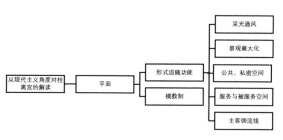

▲图15 现代主义角度分点解读平面
来源：作者整理。

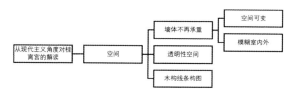

▲图16 现代主义角度分点解读空间
来源：作者整理。

▲图17 现代主义角度分点解读装饰与风格
来源：作者整理。

---

① ENGEL H, DAVID H. Measure and Construction of the Japanese House[M]. Rutland: Tuttle Publishing, 1985.
② JENCKS C. Late-Modern Architecture and other Essats[M]. New York: Rizzoli, 1980: 98.
③ 在《日本住宅的度量与营造》（Measure and Construction of the Japanese House）一书中，海诺·恩格尔将日本传统住宅的特征总结为5个方面：结构体系和建筑形式的模数化秩序；空间划分和房间功能的灵活性；榻榻米平面组合方式的可能性；整体标准化中富于表现力的多样化差异；建筑形式的融合性。除此之外，神社、住宅、茶室等传统建筑类型普遍表现出尊重材料、少装饰、非对称的特点。这些特征都与现代主义建筑的理念不谋而合。

3.2.1 形式追随功能

桂离宫由3个阶段扩建而成。如前文所述，从赏月这一行为出发，生成带有月见台的古书院开始，逐步建造中书院、乐器之间、新御殿，所有房间都以相同角度面向池塘，同时逐步后退。这种平面布局被称为雁行式（图18）。

从现代主义建筑的角度去看雁行式的平面布局，可以发现其平面布局放弃对称性与中心性，整个主体建筑形式与功能有机结合，从而实现五方面的功能需求：房间错位以满足采光和通风需求；景观最大化需求；公共空间与私密空间分区与联系；服务与被服务空间分区与联系；主、客、佣流线不相互冲突。

古书院、中书院、新御殿和乐器间在雁行式的平面布局下，缩短了建筑的进深，同时扩大了建筑与东侧庭院的接触边界，满足采光和通风需

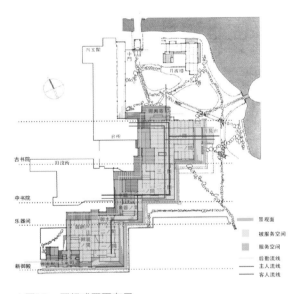

▲图18　雁行式平面布局

来源：改绘自斋藤英俊.桂离宫：日本建筑美学的秘密[M].3版.张雅梅，译.台北：马可波罗文化，2016：134-135.

求的同时，在建筑内部可以获得最大化的庭院景观；主要接待客人和来访者的古书院与中书院属于公共区，故而离湖面较近，景观朝向也最佳，贴在古书院南侧还有挂着竹帘的月见台，用来提供一个赏月观景的绝佳场所；新御殿主要提供居住、阅读、餐饮等功能，空间布局相对较为私密，而乐器之间不仅可以暂时存放乐器，同时还可以作为中书院和新御殿的过渡，并划分两者不同的作为公共与私密的空间，实现主客流线分离。

每一个主要房间与其北侧对应的后勤用房组成一个单元，通过建筑北侧边界的后勤路线将各个后勤单元串联。后勤使用的空间在现代主义中定义为服务空间，主要房间定义为被服务空间，从平面中可以清晰地看出服务空间与被服务空间的分区与紧密联系。此外，佣人的交通空间在北侧，与主、客人停留的主要空间分离，佣人的活动不会被主人和客人看到。

3.2.2 模数制

以桂离宫的古书院为例，便是依据榻榻米尺度为准则作为决定柱间的方法，也就是"内法制"[①]。内法制不仅将榻榻米的尺寸固定下来，包括门楣、门槛一类的细部木作，以及门窗的宽幅尺寸等，也都能轻易算出来。这与西方现代主义，例如柯布西耶从人体尺度出发，作为建筑设计中的重要尺度，从而诞生的模数系统来确定平面尺寸，二者之间有着不谋而合之处（图19）。

3.2.3 墙体不再承重

现代建筑的一大革命性变革便是将墙体从承重功能中解放出来，大面的水平长窗和架空底层

---

① 日本建筑中，决定建筑中柱间尺寸有"真制"与"内法制"两套系统。内法制是以榻榻米尺寸的基准，来作为决定柱间距的方法。内法制的优点不仅在于将榻榻米尺寸固定下来，包括门楣、门槛一类细部木作，以及门窗的宽幅尺寸等，也都能轻易算出来。但另一方面，由于这种方法设计出来的柱间尺寸相形复杂，因此，要计算出如桁和梁这类结构组件的精确尺寸并不容易。

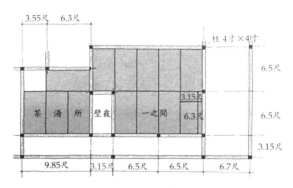

▲图19　桂离宫采用的内法制
来源：斋藤英俊. 桂离宫：日本建筑美学的秘密[M]. 3版. 张雅梅, 译. 台北：马可波罗文化, 2016: 23.

平台开始改变了建筑的边界，从而使建筑的开放性增强，这一点与日本传统建筑不谋而合：在桂离宫中，有了榻榻米尺寸作为平面的基本模数，确定了柱间距后，柱子作为承重构件，拉阁门脱离了承重结构的束缚，围合和划分了室内外的空间并可以依据使用者的意图自由开敞关闭，一方面营造了富有生趣的可变化的空间；另一方面模糊了室内外的界面，体现了日本建筑中特有的开放性。

3.2.4　透明性空间

纸质的白色障子软化了外界的太阳光，结合可以开合的拉阁门，使人们进入古书院就能感受到整体空间的透明性氛围，这与现代建筑追求明亮通透的室内环境也有一定的契合。

3.2.5　木构线条构图

采用垂直与水平的正交深色木构线条进行构图，使它们在整个空间中凸显。

将其与现代主义建筑进行对比，可以发现桂离宫与密斯的巴塞罗那德国馆，在空间上存在着

许多共通之处。在巴塞罗那德国馆中，8根柱子对称地分成两排支撑着屋面，柱子与墙体分离，墙只起到划分空间的作用；同时墙体对各个空间的限定分而不断，不同空间之间相互渗透；通过不锈钢柱以及窗框等水平与竖直的线条，在三维空间中进行构图（图20、图21）。

3.2.6　装饰与风格

建筑评论家查尔斯·詹克斯曾在其著作中对日本建筑有如下评价："对日本来说，现代建筑本不是新事物。神社和桂离宫的建筑传统本身就是现代的：它们使用表面无修饰的自然状态材料，它们强调交接节点、结构和几何关系，甚至桂离宫是完全处理成黑白块相间的微妙不对称形式，完全健全的国际式风格在日本已有了400年之久。"[①]

3.2.7　立面构图

但上述认为桂离宫强调节点、结构和几何关系的观点，在之后被证明是现代主义者对桂离宫的误读。日本建筑理论家堀口舍己（Sutemi Horiguchi）通过大量援引材料提出了一个甚至可能是证明现代主义者的错误的假想："现代主义者们所钟爱的桂离宫并不是它本来的样子，而是一个展现材料经过老化、风化效果的桂离宫。"[②]现代主义者们所看到的木构架的颜色早已变深，当其与经常更换的白色日式障子纸并置在一起，才产生了类似彼埃·蒙德里安（Piet Mondrian）的构图效果。现代主义者欣赏桂离宫的缘由之一在于它展示了老去与风化的材料影响，木梁颜色都变化了。当它们的黑色线条与白色障子相互对比时，产生了与彼埃·蒙德里安式构图的联想（图22、图23）。

① JENCKS C. Late-Modern Architecture and other Essats[M]. New York: Rizzoli, 1980: 98.
② SUZUKI H, BANHAM R, VASHI K K. Contemporary Architecture of Japan, 1958—1984[M]. New York: Rizzoli, 1985.

▲图20　桂离宫室内空间
来源：杨涛，魏春雨，李鑫. 作为现代主义宣言的东方传统：3位西方建筑师与桂离宫[J]. 建筑学报，2017（7）：3.

▲图21　巴塞罗那世博会德国馆室内
来源：李菁琳. 经典再度03-巴塞罗那世博会德国馆：重建的里程碑[EB/OL]（2018-10-29）[2020-09-06].http://www.archiposition.com/items/20181029102118.

▲图22　桂离宫局部立面
来源：GROPIUS W, TANGE K, ISHIMOTO Y. Katsura: Tradition and Creation in Japanese Architecture[M]. New Have: Yale University Press, 1960.

▲图23　桂离宫中书院到新御殿
来源：GROPIUS W, TANGE K, ISHIMOTO Y. Katsura: Tradition and Creation in Japanese Architecture[M]. New Have: Yale University Press, 1960.

3.2.8　材料、建构的真实性

从对材料和建筑的处理上不加装饰，刻意对自然材料纹理的暴露，看出在桂离宫的建造中对材料与建构真实性的尊重。去装饰也是现代主义建筑的一个主题，二者不谋而合。

4　"发现"桂离宫后对日本现代建筑的影响

陶特"发现"桂离宫与现代主义建筑在平面、空间以及装饰上相契合而解读出的现代性，对日本现代主义建筑界的影响十分深远，其影响过程大致可分为前、中、后三个阶段。

前期：由陶特通过桂离宫重新发现了日本传统的现代意义之后，在20世纪30年代初以折中主义和古典主义为主导的时代背景下，日本国内的现代主义者以桂离宫作为反对折中主义、支持现代主义的支点，一方面与民族主义之间寻求妥协；另一方面他们希望从现代主义的角度，借助日本传统建筑批判折中主义，将陶特的言论视为他们走出困境的线索。

中期："二战"期间,以堀口舍己为代表的日本建筑理论家希望将陶特的发现转化为设计的新方法。堀口通过大量援引材料对桂离宫提供了一个复杂的解读。他提出一个观点:"在陶特之前,必定有西方建筑师参观过桂离宫,而桂离宫对这些人并没有留下深刻印象,这是因为当时现代建筑在欧洲并未成熟。直到第一次世界大战结束若干年后,德国建筑师古斯塔夫·普拉茨(Gustav Platz)提出欧洲的现代建筑源自于日本住宅,陶特作为表现主义建筑师开始活跃于德国,此时现代建筑的观念才逐渐成熟,并传播至全世界。只有当一个人习惯了非对称构成之美、钢结构和钢筋混凝土结构的新颖后,他才会被桂离宫的建筑所打动。但是早在很久以前,茶道界就已经掌握了非对称构成之美。所以茶道界的人们早就懂得桂离宫的美。"①

对他的这一观点进行解读可以看出,他认为对于西方建筑师来说,从现代主义的角度对桂离宫进行解读,才能发现桂离宫现代性的美;而从日本传统茶人的审美角度对桂离宫进行解读,却早已发现了桂离宫的美。并且这两种美,是存在共通之处的(例如非对称性)。这说明了代表日本传统文化的茶人与西方现代主义建筑师在审美认知上存在着共性,从中可以反映出西方现代主义特性与日本的传统文化中相契合的成分,故而桂离宫是尝试融合现代与民族、西方与日本的历史依据。

后期:从陶特提出模型到堀口理论总结,用了10年时间,最终由丹下健三在战后20世纪40年代中期,将堀口舍己综合现代与民族的想法,通过设计作品具体化,发展了当代建筑设计方法。对于丹下健三及其之后的建筑师,桂离宫成为从传统中寻找现代性的源泉。

丹下将传统建筑与现代建筑结合的做法可以分为1960年前后两个阶段。1960年之前,他的设计方向是钢与钢筋混凝土的建构能表达传统木结构建筑的意向,用现代建筑的原则来体现日本传统空间。这一时期的代表建筑有香川县厅舍、广岛和平会馆等;1960年之后,丹下开始追求新方向,寻求一种强调钢筋混凝土的新风格。这一时期的代表作有仓敷市厅舍、代代木体育馆等,此时的丹下已经从传统形式的束缚中摆脱出来,而转向更多精神层面上的表现。

陶特对桂离宫的评价作为日本近现代建筑史的转折点,它的意义并不在于陶特的解读本身的对错,而在于陶特从现代主义的观点出发,对日本传统建筑进行解读的这种方式,没有停留在表面化的材料、符号、主义,而深入到了更为本质层面的功能与空间关系上的解读,并且这种解读方式为日本现代主义建筑师将现代与传统融合起到了关键性的启迪作用:在陶特来到桂离宫之前,日本建筑师尚未认识到自身文化中的传统建筑与现代主义的契合性,还较多地将桂离宫等日本传统建筑仅仅作为历史遗留的古建筑来看,即处于一种拥有却不自知的状态;而这之后,日本的现代主义建筑师逐步开始建立起了文化上的自信,反过来逐步认识到了自身传统中所蕴含的现代主义建筑特点,故而一步步去探索将传统建筑与现代性融合的做法,通过对传统的研究、传承与创新的方式来延续传统,使一批批日本建筑师在此后近百年的时间里实现了文化的自我肯定和再创造。因此,可以说桂离宫成为日本建筑师从传统中寻找现代性的源泉。

---

① 堀口舍己.建筑样式论业[M].东京:六文馆,1932.

游线与边界融合视角下的游园观演变浅析
——以留园和方塔园为例

Analysis on the Concept of Garden Tour from the Perspective of Tour Line and Boundary
——Taking Lingering Garden and Fangta parkfor Example

程嘉敬 步梦云 / 文

摘要

中国传统园林不仅是传统造园技法的体现，更是中国传统山水观乃至认知观的物化体现。对于园林来说，边界和游线是重要的构成要素，在其被塑造的过程中，融入了造园主的造园观和游赏者的游园观；而边界和游线的变化过程也体现了游赏者认知方式和体悟方式的转变。本文选取改造前后的留园及方塔园为案例，以民国前后的园林变化作为主要参考，以边界和游线结构为切入点，探究其游线和边界的共性与差异性，并尝试从多角度对这一改变背后所呈现的游园观的差异做出分析（图1）。

关键词

边界；游线；山水观；游园观

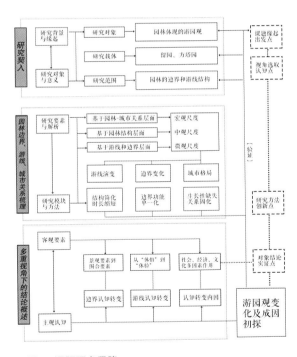

▲图1 课题研究思路
来源：作者自绘。

1 游线和边界视角下的游园观

1.1 内部游线——景观元素的认知方式

游线通常指以观赏对象为中心，观赏者移动形成的物理空间路径。外部游线（图2、图3）通常存在于园林外部，以园林整体为观赏对象；内部游线则通常指园林内部的游赏路径。

内部游线是观赏者体验园林的关键，对于观赏者来说，这是一种认知顺序和意向的组织。而对于园林主体而言，这是其内在组织逻辑和空间序列的被动体现方式。"造"即是为了"游"，在某种层面上，游园观是为造园者和游园者所共享的。

▲图3 [明]张宏，《止园图册》（图中箭头自绘）
来源：[明]张宏，《止园图册》，全册共20幅，分藏于洛杉矶郡立美术馆和柏林东方美术馆。

▲图2 [清]袁耀，《邗江胜览图》（图中箭头自绘）
来源：袁耀. 中国画大师经典系列丛书：袁耀[M]. 北京：中国书店出版社，2011.

1.2 外部边界与游线——如画观景的游赏理念

在历来对园林的研究中，外部游线常被忽视，在观赏园林时，人们往往倾向于"走入"，而忽略了"走出"。

随着园林文化的不断发展，外部的游线通过打破园林与城市的隔绝关系，体现了社会大背景下的游园观变化。在此间，观赏者开始围绕边界探索出了一种外部游线，这也使得边界和游线之间的区别开始模糊。以18世纪扬州风景园林的体验模式为例，舟行模式盛起，以船为中心的风景体验取代了传统观赏中以建筑为中心的游览方式，并逐渐成为主流。原先作为围合元素的运河不再是园林"因借"的外部景观，运河上的人群行为以及游览方式开始影响该时期扬州园林的物质形态，仿佛扬州园林本身和周边的城市一起融合成了一个更大的园林。

1.3 游线和边界是游园观的物化体现

不同时代游园观影响下的园林营造，必然体现了其对应时代的游园观，从游线和边界这两个核心角度，可以对这一观念的差别进行浅析。游线和边界是园林的骨架，也是古人"造园观""游园观"的间接体现。边界的形态体现了造园者的世界观、营造观。而游线是游园者在园林中观赏行为的最直观体现，其在园林中的路径、视线、停留长度等都间接反映了游园者对园林风景的认知态度，而对园林中不同元素的关注程度，如花、草、树、山石等，也反映了游园者的兴趣点所在。游园者对于园林的游线格局有一定的塑造性，此间造园者也是游园者。

2 留园所反映出的游园观

2.1 留园的边界与游线特征

留园游线和边界的变迁

童寯先生在《江南园林志》中所记录的20世纪30年代留园平面图与如今的留园存在着较大的差别，彼时的院落格局更为清晰，空间连续性更弱。通过收集文献资料，我们发现留园的历史大致分为4个重要阶段：刘恕以及刘盛时期、盛氏时期、民国时期和现代时期（表1）。下文主要对留园在民国及其之前的游线和边界进行比较、叙述。

1）刘恕至刘盛时期

该时期的留园，传经堂得到了扩建，在宅后新增了山池的园林。花好月圆人寿轩、揖峰轩、石林小院和望云楼等几处院落也陆续在传经堂周边出现。通过文献、图纸等资料可以大致还原出当时的园林形态。

（1）边界特征

扩建前的留园中，界墙及廊子仅作为边界。加建后对界墙做了开口处理，但其边界性依然十分显著，园中不同区域仍维持相互隔离的状态。由此推断，该时期留园仅在形态边界局部做开口来连接不同空间，空间彼此的完整性和独立性并未被打破，内部各个小空间边界作为围合要素并未被消解。

（2）游线特征

该时期的园林规模较小，东侧和南侧均为建筑群落，游线通过西侧的池水、自然景观，将建筑串联起来。此时的游线尚不明确，室内游线和室外游线区分不明显。该时期的东园是存在主体的向心结构。

表1　留园各时期形态发展脉络

形态时期	主要图源	关键变动	主要文献
刘恕时期 （1797—1816）	暂无	1798 "寒碧庄修葺落成" 1801 "得卯月、青芝、鸡冠 　　　三峰置，掬月亭前，并 　　　为之记" 1802 "集齐十二峰" 1806 "空翠阁改，称含青楼， 　　　并为之记" 1807 "增揖峰轩"	1797 钱大昕《题花步小筑》 1798 范来宗《寒碧庄记》 1800 钱大昕《寒碧庄宴集序》 1801 刘恕《甘霄峰记》 1807 刘恕《含青楼记》《晚翠峰记》 　　　《石林小院说》
刘盛时期 （1817—1873）	[清]刘懋功绘 《寒碧山庄图》 1857 （图4、图5）	1823 "辟南入口，始开园门" 年份不详，"筑望云楼"	1823 钱泳《寒碧庄开园门》 1870 《观音峰》
盛氏时期 （1874—1911）	[清]郑恩照绘 《留园平面图》 1910 （图6、图7）	1876 "缮修加筑竣工" 1888 "增辟西园" 1891 "增辟东园"	1876 俞樾《留园记》 1888 潘锺瑞《香禅日记》 1892 盛康《留园义庄记》 1892 俞樾《盛氏留园义庄记》 　　　《冠云峰赞有序》 1902 朱紫贵《刘光珊属绘东园石第二图 　　　并题》
民国时期 （1912—1949）	童寯绘 《留园平面图》 1930 （图8、图9）	1929 "修葺后对外开放" 1932 "整理留园后又行开放" 1941 "日军占用" 1945 "国民党驻军"	1911 喻血轮《惠芳日记》 1921 朱揖文《留园》 1926 包爱兰 In the Chinese Garden 1923、1929、1933 《明报》 　　　俞啸泉《抗日时期苏城沦陷记》
现代时期 （1950年至今）	刘敦桢绘 《留园平面图》 1960 （图10、图11）	1953 "政府抢修留园" 1954 "留园对外开放"	1959 《新苏州报》 1963 童寯《江南园林志》 1979 刘敦桢《苏州古典园林》 1984 陈凤全整理 《留园整修记》 1994 杨鸿勋《江南园林论》 1998 周峥《名园长留天地间》 2012 陈从周《苏州园林》

来源：作者根据资料自绘。

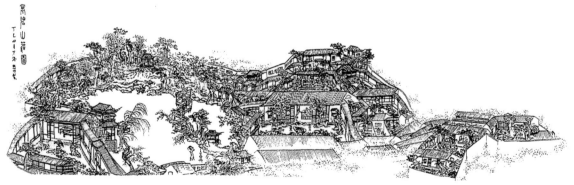

▲图4　[清]刘懋功绘《寒碧山庄图》（1857）
来源：刘敦桢. 苏州古典园林[M]. 北京：中国建筑工业出版社，1979：347.

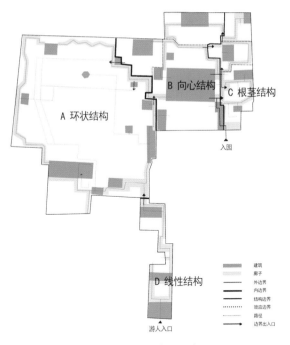

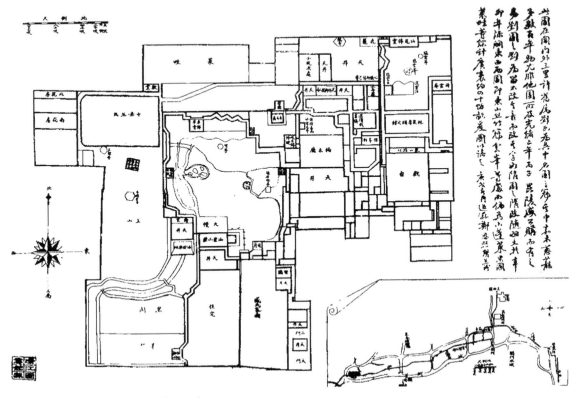

▲图5　寒碧山庄的形态分析图（1857）
来源：转绘自—刘彦辰. 变迁视野下的中国园林形态分析[D]. 南京：南京大学，2016：29.

▲图7　留园的形态分析图（1910）
来源：转绘自—刘彦辰. 变迁视野下的中国园林形态分析[D]. 南京：南京大学，2016：43.

▲图6　[清]郑恩照绘留园平面图（1910）
来源：苏州市园林和绿化管理局. 留园志[M]. 上海：文汇出版社，2012.

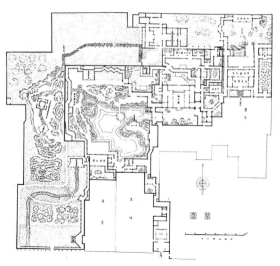

▲图8 童寯绘留园平面图（1930）
来源：刘敦桢.苏州古典园林[M].北京：中国建筑工业出版社，1963：354.

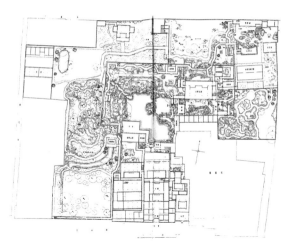

▲图10 刘敦桢绘20世纪60年代的留园平面图（1979）
来源：刘敦桢.苏州古典园林[M].北京：中国建筑工业出版社，1979：348-349.

▲图9 留园的形态分析图（1930）
来源：转绘自—刘彦辰.变迁视野下的中国园林形态分析[D].南京：南京大学，2016：53.

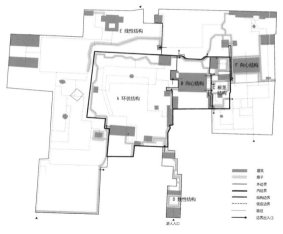

▲图11 留园的形态分析图（1960）
来源：转绘自—刘彦辰.变迁视野下的中国园林形态分析[D].南京：南京大学，2016：69.

2）盛氏时期

通过清代郑恩照绘制的留园平面图可以看出，相比于刘盛时期，留园的规模更大，并且向东西两侧延伸。

（1）边界特征

该时期的留园边界逐渐扩大，边界轮廓趋于规整。且盛氏增辟新园时，没有拆除旧有界墙，而是沿着界墙进行了一些院落和廊的增建。在

这一时期，原本处于外部围合的边界被内向化，失去围合功能，逐渐成为内部游线的一部分。同时，盛氏时期的留园主要是增建了东、西两园：东、西两园和旧有园林之间仍然各成体系，并未充分合并交融。沿着边界设置的东、西两园的建筑、庭院和廊道也强调了界墙的围合属性。

原本作为外部边界的墙现在成了内部隔断，这是否意味着，新建的最外侧围墙本意不是分割

园林和城市，而是一种隔断，挡住一些，透过一些，园林和城市是产生互动的。或许在该时期造园主的观念中，边界更多的是作为造景要素，而非单一的隔绝要素。

（2）游线特征

留园的扩建部分必然对总体格局有所影响，但这种变化未改变游线的本质。内环的向心游线与建筑群落部分融为一体，同时外部为线性游线，呈环线将各景点串起。值得注意的是，线性游线未能将所有景观点串起，部分景观点甚至需要走回头路，该时期的游线特征为主要线路明显，次要线路复杂。

3）民国时期

留园在民国时期已是断壁残垣，破败不堪。查阅《江南园林志》中童寯先生测绘的地图，并且从盛康购买留园到抗日战争后都没有留园大幅改动的记载中可推测，童寯先生所绘的留园平面是清朝最完好的形制。

2.2 该时期游线和边界体现的时代游园观

2.2.1 对边界的认知

留园的边界在变革中几经修改并不断拓展，此过程中外部边界变成了内部界墙。此外，留园的边界有打开和收缩的部分，例如漏窗的引入，让园内园外景色更好地交融。这边风景好，那就让视线打开；这边有天然屏障起到围护作用，那就拆掉围墙。边界不仅承担了围合作用，还是一种借景手段。

2.2.2 对游览的认知

留园的游线以线性为主，局部呈向心性。其重要特征之一是将室内室外游线相串联，江南园林以宅院为胜，游玩者多为园林主人，抑或其邀

请的朋友，从室外顺着游线走入了室内，简化了路线，提高了便利性。

同时游线多曲折，游人步移景异，但部分景点却待人深寻，这也使得园林无法通过一次就全部游尽，每次游赏园林，便会有新的景点含蓄地进入眼帘。路线中假山绿树，曲径通幽处乃是游赏者真正寄情之处。

2.2.3 对园林和城市关系的认知

园林与城市必然是紧密相连的，园林受周边环境因素的影响，但又反作用于环境。留园的发展便是不断扩大边界，将周边自然景色纳入园中的过程。

该时期的游园观不仅限于内部游览，也注重外部游览。例如外部舟行游览，山间俯瞰，该时期的园林不单单是自然景观，更是城市景观。古人的山水城市格局之开阔，可见一斑。

3 改造后的留园及方塔园反映出的游园观

3.1 当代留园游线及边界改造

刘敦桢对留园的改造，是当代留园布局改变的重要转折点。当代留园是在原遗址基础上进行修复改造的成果。通过资料对照探究留园修复前后的变化：花好月圆人寿轩、半致草堂和绣圃、亦吾庐等处消失，清风池馆北侧廊被拆除，五峰仙馆后廊的改建，五峰仙馆和林泉耆硕之馆等建筑内部空间发生了变化，此外中部山池和西部假山路径也有变化。除此以外，部分细微的改变虽未影响园林的整体布局，但仍会间接影响园林的形态。

留园的建筑形式、布局和园林形态仍继承传统，未发生重大改变。但经历了20世纪50年代的

改造后，它从一个江南的私家园林转变为供大众游览的公共空间，性质的改变导致了体验方式的不同，这主要体现在留园的边界和边界开口的变化中。

3.1.1 该时期的留园形态结构

该时期留园的形态结构非常丰富（图11），由图可见围绕着建筑——五峰仙馆和景观——冠云峰形成了双中心结构，呈现出明显的向心性。留园几何中心围绕着水池形成了环状的游览路线。同时入口和留园内部的步道串联起内部各区域，有明显的线性特征。

3.1.2 该时期的留园的边界特征

该时期的留园在原有的基础上，进一步扩大外部边界（图12、图13）。在刘敦桢先生修复留园时，拆除了部分建筑和作为边界的廊子、界墙，将原本相对独立的寒碧山庄旧园部分和东园、西园二园通过步道连接了起来。同时五峰仙

▲图12　留园的边界与城市关系示意图
来源：作者自绘边界及周边城市环境；底图—刘敦桢. 苏州古典园林[M]. 北京：中国建筑工业出版社，1963：354.

馆等主体建筑的内部空间和使用方式也发生了变化，使得该处的边界开口发生了变化，观赏者的游线空间感受也受之影响。这一时期留园各个部分的边界的作用被进一步弱化，各个部分的空间完整性和独立性被打破，使得整个留园的空间结构愈发连贯、整体。

3.1.3 该时期的留园的游线特征

边界开口位置和性质的变化使得该时期的留园的游线发生了重要的变化。曾经为造园主所有的私人园宅，现在则对外开放，转变为公共游览胜地；园林的观赏者也由昔日的特定的文人士大夫换为了今天的市民，园林不再是园林主的日常生活空间，而是一种供人快速参观的旅游胜地。为了方便游客缩短游览时间，整修后的留园实现了从入口到中部山池，穿过五峰仙馆和石林小院至冠云峰处，再经园的西、北回到中央部分的游线。该游线将整个园林串联起来，构成一种完整的空间序列，同时又可被划分成数个有联系的子序列，不同空间对视线及空间的引导，给人步移景异的独特空间感受。

3.2　方塔园的边界界定与游线分析

我国首个现代主义景观园林方塔园（图14）是围绕着历史建筑方塔而营造的历史文物公园，由冯纪忠先生负责总体规划。冯先生并未一味模仿古典园林，而是强调与古为新，通过对传统元素和手法的转译，创造出一个"与古为新"[①]的园林作品，其特有的游线和边界赋予了方塔园独特的空间体验，反映出现代人对园林认知方式及游览方式的转变。

---

① 冯先生在总结松江方塔园的设计理念时说："方塔园整个规划设计，首先是什么精神呢？我想了四个字就是，与古为新。"对此，他专门作了解释，"与古"前面还有"今"，也就是说"今"与"古"共存一起而成为新的东西。见：王伯伟. 冯纪忠先生的方塔园及其人格遗产[J]. 时代建筑，2011（1）：129-130.

▲图13　留园剖面手绘示意图
来源：作者自绘。

整个园林围绕宋代的方塔进行空间组织。主要游线有两条（图15），一条是从北入口（起）—通道（承）—照壁（转）—方塔—南岸草坪；另一条是从东入口（起）—垂门、堑道（承）—照壁（转）—方塔—南岸草坪（合）。

塔园与广场、园子之间的墙是相互贯通的，并且将参观者引向多个方向。甬道、堑道等将人引向宋塔、天后宫。大广场、水面与草坪之间构成整体。这与明清园林具有巨大的差别，方塔园的内部边界几乎是虚化的，只是作为引导的工具而已，并没有起到边界真正应起到的阻隔作用，而明清园林的内部边界是阻隔各个部分，起到避免其互相穿透的作用。

方塔园内部空间的相互渗透，使得其空间体验相互贯通。游线特征与明清时游园的游线大不相同，具有明显的向心性，将各个景点相互串联，形成一个环形的游线，没有过多复杂的支路，也不需要走回头路。通过简单的环形游线，使得方塔园的空间整体性得以强化。相较于明清内外游线的相互交融，方塔园以围合的外部边界为分隔，即使在有水体与外部相交的部分，也加设围墙作为阻隔外部空间的边界。这样的边界设置，使得方塔园的游线只存在于园林内部，而没有沿外部空间观赏的可能性。

▲图14　方塔园的边界与城市关系示意图
来源：作者根据资料自绘边界及周边城市环境；底图—赵冰.解读方塔园[J].新建筑，2009（6）：49-51.

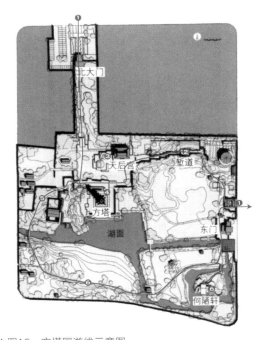

▲图15　方塔园游线示意图
来源：作者根据资料自绘；底图—赵冰.解读方塔园[J].新建筑，2009（6）：49-51.

3.3 该时期下游线和边界体现的时代游园观

3.3.1 对边界的认知

留园在刘敦桢的修复中，内部边界逐渐弱化，外部边界逐渐加强；方塔园则是更加极端地采用了全封闭的围墙，即使是有自然的水域作为边界的空间也加设围墙，不可入也不可观。这是园林自身格局和城市关系综合考量下的结果。刘敦桢先生所处的时期，正是近代中国城市发展的高速期，大量公共建筑和住宅的兴起，使得城中园林对周边环境的因借优势不复存在。因此该时期下的边界功能更趋向单一化。

3.3.2 对游览的认知

边界的变化以及园林内部空间性质的改变，使得这一时期的园林的游线也发生了重要的变化（图16、图17）。刘敦桢改造后的留园所体现的游线，更加整体。在一个连续的环形游线中分支出若干个局部游线，每个局部游线都是连续游线的一部分。方塔园则更加简单明了，一个环形的游线串联整个园林的各个部分，没有过多的局部游线。笔者认为发生这样重大变化的原因主要有两点：

一是园林的观赏者由旧时的园主变成了现在的游客；

二是园林的属性也从日常生活的体验场所，变成了快速游览的公共名胜古迹。

基于这两点原因，在修复留园及设计方塔园时，考虑到游客能够快速游览完整个园林，将园林中各个景点相互串联，使路径更加简洁明了，减少回头路的产生。

3.3.3 对园林和城市关系的认知

该时期下的园林与城市的联系相较于明清时期有所减弱，园林变得更加封闭，几乎没有了外部游览的可能性，仅有漏窗进行景观的渗透而已。

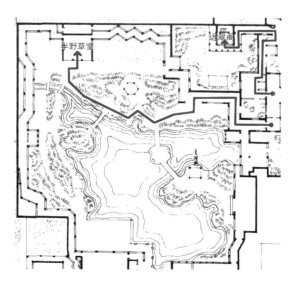

▲图16 童寯时期留园局部路径分析图（从五峰仙馆出发通向半野草堂的路径）

来源：作者根据资料自绘；底图—刘敦桢，苏州古典园林[M]. 北京：中国建筑工业出版社，1963：354.

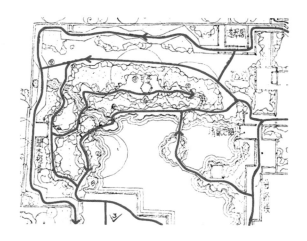

▲图17 刘敦桢时期中部大假山路径分析

来源：作者根据资料自绘；底图—刘敦桢，苏州古典园林[M]. 北京：中国建筑工业出版社，1963：354.

4 结论概述

4.1 稳定的格局和变化的游线

4.1.1 从曲径通幽到平铺直叙

将园林路径图像化、简略化，我们可以明显地发现，旧留园的游线与如今刘敦桢先生改造后的游线和方塔园游线，有着观念上的差别（图18）。

留园自始建以来，园林规模不断扩张，但其总体格局为线性结构及向心结构，在游线上有主次之分，且有诸多之处无法顺路观清，曲径通幽之处也偏离了主要线路，待人探索（图19、图20）。

反观刘敦桢先生改造以后的留园游线，其脉络更为清晰，并对建筑的平面布局进行了较大改变，使原本复杂的游线更为简单，并且强调了"室外"这一情景，游线也避免了许多回头路。而方塔园更为直接，尽管空间布局合理，高潮迭起，但相较于古典园林则显得平铺直叙。

4.1.2 从"多次观"到"一次观"

丁绍刚[1]采用了驻点研究法[2]，对传统园林中游人的行进路线进行了统计和研究，并采用了量化的方法来寻找游园者在观赏园林时的规律性。其对现代游客在网师园的游览路线研究，以及本文中对游线改造后的留园和方塔园的研究都显现出，现代有人更期望用最短的时间，最方便的路径一览园林中的景象，呈现出"一次观"的倾向。

而明清时期的留园，显然无法一次游尽。观赏者每次的游览路线都可以是全新的，不可捉摸的。即便是受邀前来的朋友，也仅能体会到园林的某一方面，从而激发了游园者多次游玩的兴致。这种"多次观"的造园和游园观，塑造了古典园林的趣味性。

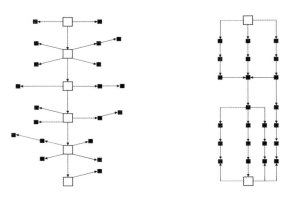

▲图18　带有叙事性的空间形态模式
（左）矢量树；（右）流程图
来源：作者自绘。

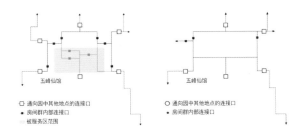

▲图19　变迁前后五峰仙馆空间可达性
（左）童寯时期；（右）刘敦桢时期
变迁前的五峰仙馆由服务空间围绕着被服务空间（蓝色线条所示部分）布置，而在被服务空间存在着一个自东向西的隐含顺序
来源：转绘自—鲁安东. 隐匿的转变：对20世纪留园变迁的空间分析[J]. 建筑学报，2016（1）：19.

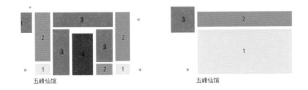

▲图20　变迁前后五峰仙馆私密度等级
（左）童寯时期；（右）刘敦桢时期
对私密度的深度图显示：五峰仙馆的正间在童寯时期最为私密，而在刘敦桢时期最为公共（图中数字表示私密度等级）
来源：转绘自—鲁安东. 隐匿的转变：对20世纪留园变迁的空间分析[J]. 建筑学报，2016（1）：19.

① 丁绍刚，南京农业大学园艺学院园林系主任，硕士生导师。研究方向：（1）风景园林规划设计；（2）基于数字技术的风景园林量化研究；（3）农业文化遗产景观理论与实践研究。主持国家自然基金（面上项目）——基于"驻点"分布规律的江南私家园林空间路径量化研究（作者注）。
② 运用基于视频分析技术的驻点研究法，计算各驻点游人分布数量，探究空间路径驻点游人分布规律。见：丁绍刚，陆攀，刘瑈瑛，等. 中国园林空间分析之驻点研究法——以网师园为例[J]. 南京农业大学学报，2017，40（6）：998-1006.

4.2 从景观要素到围合要素的边界性质转变

4.2.1 从"城市屏风"到"城市围墙"

留园的边界是扩张的，并且伴随着内外边界的消融，以及对周边景色的因借；这种灵活、有机的边界更像是一种"城市屏风"，这种屏风是可以移动的，里面的人可以透过屏风看外边，外边的人可以透过屏风向内看。

到了近现代，这种"城市屏风"则更多地成为一种"城市围墙"。如今留园、方塔园周遭的物质环境，是城市道路和居住区，园林的边界被限死，同时内外也缺乏互动关系，这种格局下的边界成为了简单的围墙，将园林内外景观隔绝，同时也让边界丧失了生长性和渗透性。

4.2.2 边界与城市互相渗透

明清时期的园林是与广阔的山水格局相结合的，从诸多的山水画中可以看出，这种园林景观是周边自然景观的再现或补充，古画中的视角多为俯瞰，俯瞰中的园林更像是在广阔的大自然中，用取景框框选出一块山水，并进行空间限定和建筑摆放。

园林内是山水，园林外也是山水，大山水套着小山水，边界和城市在视线、路线上相互渗透，园林也成为了城市发展的重要规划元素（图21）。

4.3 从文化到物质、从体悟到体验的认知方式转变

4.3.1 游览线路的简化和游览时间的简短

通过上文分析，我们可以明显地看出，现代观赏者的游线长度、游园时间都更为"经济"，秉承着"少走回头路"的理念，游园路径被大大简化，游园时间也逐渐减少。这种简化下带来的认知是浅层次的，人们或许能对物质特征建立其

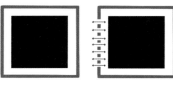

▲图21 边界种类示意图
（从左到右分别为实体围合的边界、视野渗透的边界、以自然水体围合的边界）
来源：作者自绘。

直观的认知，却难以感悟到其深层次的内涵。

4.3.2 从室内外交融到室外景观的单一

古、今游园观的差异同样也体现在室内外游线上。古时将建筑游线作为园林游线的一部分，而今人在游园时更多地将其割裂开来，抑或对室内游线进行简化。这样便强调了对自然景观的视觉感知而忽视了对场所精神的体悟。

4.4 古今游园观差异的本质成因

那么，上述造园观和游园观背后，究竟存在着怎样的本质成因？游园观的变化究竟是一种被动的调整，还是主动的演变？

4.4.1 从天人合一到唯物主义的观念转变

中国古人讲究天人合一，强调个人与自然的和谐共存，强调各要素的有机结合，这种观念下的园林不是独立的，而是与环境充满联系的，是对宏观世界的微观化处理。因此该时期的游园方式不是直白的探究，而是渐进感悟。人们在对园林进行玩赏时不期望览尽所有景色，而是寄情于山水之间，感受自然的玄妙。这使得观赏者并不注重游线的合理性，他们不期望用一条主线览尽所有风景，也不期望每一处胜景都易于到达。走回头路也可，惊喜之处难以攀爬也可，路径本身并不重要，重要的是这种游赏的趣味性与丰富性。

到了近现代，随着唯物论的盛起，人们更多地强调对客体的理性认知，这种认知观使观赏者在游览的过程中更多地期望去发现这个园林究竟"长什么样的？""有哪些可看的？""能不能全部看完？"于是不难解释为什么现代的游线总是以最少的路、最短的时间去看最多的景。

4.4.2　西方直白认知观冲击下的观念变化

中国现代化的进程也是受西方价值观冲击的过程，在民族自信尚未完全觉醒的今天，传统园林自身所传达的理念也仍未被完全普及。受到西方主流庭院方整的空间布局、一览无余的景色影响下的游人，经常关注于传统园林中功能的合理性、布局结构的完整性，用西方价值观理念去评价和理解东方的传统元素。

4.4.3　其他社会因素影响

在这种游园观和造园观差异之下，还存在着各种原因，例如交通因素、娱乐至上观念、社会生活节奏加快等，这些都使得现代人难以静下心来对园林进行体悟式的游赏与感悟。受迫于大众需求，旧有园林的游线改造和新园林的营建也必须考虑使用者的心理。交通便捷使游人增多，社会节奏加快使得人们缺乏细细品味的时间，娱乐至上观念下人们更注重感官上的刺激，这些因素都导致了造园观和游园观的改变。

纵观古今园林游园观的变化，其在一定程度上反映了社会价值观和认知观的变化。在这种转变中，如何去保留原有的造园、游园精神，使其不被曲解。抑或像冯继忠先生所说的"与古为新"，赋予其全新的意义，这是我们值得深思的问题。

即物·即境——关于废墟的一点探讨

Thoughts about Ruins

林昊 朱晨涛 沈逸青 / 文

摘要

　　本文从哈德良离宫（Villa of Hadrian）废墟获得启发，通过对多位建筑师、艺术家关于废墟观点的分析解读，结合"上海码头废墟"到"边园"中废墟功能和形象的转变，试图去寻找隐藏在废墟破败表象之下的精神力量。

关键词

　　废墟；外观；结构；历史；城市更新

1 引子：从哈德良离宫、杨浦滨江工业码头改造到废墟

对废墟的第一次深刻印象源于在建筑史课上见到的哈德良离宫照片（图1），以至于现在看到拱，我们都会再次感受到古罗马建筑的深远影响力，就好像提到木构架就能想起茅屋，提到钢桁架就能想起工厂一样自然。

混凝土的拱顶是建筑史上罗马人最杰出的贡献，当我们现在面对废墟时就可以很直观地感受到它散发出的古典气质。在离宫的残垣断壁之中我们依然能感受到古罗马人的文化自信和审美趣味，由这种混凝土的拱，我们建立了古罗马废墟最初的印象，这引起了我们对废墟的关注：废墟这种古典气质从何而来。比如以哈德良离宫为例，是古罗马当时特殊的火山灰使大跨度带来的心理震撼成为可能，还是由断壁残垣斑驳的痕迹本身印证了一种"时间的痕迹"而带来的精神激荡？

目前结论尚不清晰，但是我们已经隐约察觉到废墟的力量不单单只存在于简单的物质层面，而且在精神层面也有特殊意义：废墟既彰显了历史的痕迹也凸显了时间的消逝以及荣耀的昙花一现。

同时我们联想到近年来在国内建造量接近饱和的情况下，建筑师也开始将注意力转移到废墟建筑的改造上。

以上海的杨浦滨江工业码头（图2）建设为例：杨树浦路一带曾经是繁华的工业区，随着城市建设的变迁这里已经成为世界最大的工业遗存博览带，也成为中国建筑师实践废墟改造的丰饶土地。

大舍建筑事务所的作品——边园，便是其中的一个改造项目。上海市政府改造杨浦滨江的一个原则便是守护上海的城市记忆，这一点我们非常赞同，我们认为杨浦滨江的每一座工业遗存背后都有故事，一个好的建筑改造就是要讲好废墟遗存的故事。因为不同的废墟能唤起的感情既可能是民族的自豪，也可能是忧郁和伤感，甚至是乌托邦式的雄心壮志。因此，在改造之前最重要的问题就是弄清楚什么是废墟，以及废墟给我们留下的是什么。

2 众说废墟

我们整理了乔凡尼·巴蒂斯塔·皮拉内西（Giovanni Battista Piranesi）、约翰·拉斯金（John Ruskin）、巫鸿和柳亦春等关于废墟的

▲图1 哈德良离宫的废墟照片
来源：建筑摄影师田方方. UED记录2018年柳亦春"即物的结构"演讲稿[EB/OL].(2018-12-27)[2020-09-06]. https://www.sohu.com/a/284987565_167180.

▲图2 杨浦滨江的工业码头
来源：摄影—黄尖尖. 黄浦江畔，从一片泥泞到世界最大工业遗存博览带，"上海小囡"亲历滨江之变[EB/OL].(2020-08-05)[2020-09-06]. https://www.jfdaily.com/news/detail?id=275867.

论述，他们分别代表着学者或建筑师对废墟的理解：皮拉内西是西方启蒙运动时期的画家，他关心废墟的建造和结构本质，以巍峨而夸张的罗马废墟版画而广为人知；拉斯金是19世纪工艺美术运动的倡导者，对废墟的历史保护有着独特的观点，他强调的是"岁月的锈色"（patina of age）；巫鸿作为一名艺术史家，以中国"废墟"观念及其视觉表现形式的流变为出发点探讨了废墟美学；柳亦春作为当代中国具有一定影响力的建筑师，他在实际项目中对废墟的处理、思考在一定程度上反映了新生代建筑师对废墟的态度。我们尝试通过梳理这4位研究者对废墟的不同定义来拓展对废墟内涵的理解。

2.1 皮拉内西的废墟

皮拉内西处于一个狂热罗马考古的年代，当时的建筑师、测量员都沉迷于测绘制作罗马地图版画。作为一名画家，皮拉内西同样非常倾心有着古老历史和大量遗迹的罗马。

2.1.1 capricci 的影响

皮拉内西在来到罗马之前，一直在威尼斯学习。当时的威尼斯正流行着一种名为capricci（狂想曲）的建筑狂想画。这种版画类型也被称为一种"卡夫卡式变形"（Kafkaesque distortion），"这种版画作品里描绘的建筑场景常常是一种脱离现实的、臆想式的、纪念式的夸张结构，这种威尼斯本土的建筑狂想画对皮拉内西影响巨大，奠定了他日后沉迷虚构之景、永远无法满足于日常生活的基调。"[1]同时皮拉内西也深受当时威尼斯本土流行的巴洛克式舞台设计

的影响，从他本人名扬四海的狂想版画《监狱》（Le Carceri）里肆意夸张的斜向构图就可以看到很多巴洛克的影子。

2.1.2 来到罗马

有趣的是，当皮拉内西从威尼斯来到罗马学习时，正值精致细腻的洛可可大行其道，皮拉内西大失所望，于是沉寂于废墟之中，同时不忘研究古建筑的结构与施工。我们猜像皮拉内西这样善于感知的艺术家，看到古迹经历风霜却仍然保持着不朽的姿态，这种意外的碰撞与对比，定会让他产生关于存在与衰败的诸多感慨。

现在普遍将皮拉内西列为建筑风景版画大师，但实际上皮拉内西也是一名建筑师，他积极地学习建筑设计、装饰以及施工等知识，尤其是来到罗马之后，他即使沉寂于废墟的研究，也不忘从废墟那里研究古建筑的结构与施工，也就是说，皮拉内西更多地会从建筑的建造层面来表达自己对古典建筑废墟的理解，也可以这么说，他觉得自己探索的是古罗马建筑的精髓。

2.1.3 古希腊——古罗马文明之争

针对约翰·约阿辛·温克尔曼（Johann Joachim Winckelmann）从艺术特征区分古希腊和古罗马建筑，并对古希腊建筑给出极高评价"高贵的单纯与静穆的伟大"这一观点，皮拉内西认为这是对古罗马建筑价值的轻视。于是皮拉内西于1761年出版了《古代与现代罗马的宏伟建筑》（Magnificenze di Roma Antica e Moderna）[2]，在其中引证诸多古罗马时期的建筑设计师们充满想象力的作品来回击。他运用了那种多重构图的考古现场式插图模式，他写道：

① 迟海韵. 十八世纪罗马地图版画的发展及演变 [D]. 南京：南京大学，2018.
② DIXON S M. The Sources and Fortunes of Piranesi's Archaeological Illustrations[J]. Art History. 2002. 25(4): 474.

"我所描绘的废墟……表现的并不只是它们的建筑外观，还包括它们的平面图、室内结构及装饰，明晰它们的内部结构、建筑材料和构建方式——通过我这么多年细致的观察、发掘和研究得来的经验。"[①]

2.1.4　小结

皮拉内西的创作来源有巴洛克舞台设计的启示、罗马建筑片段，还有自己幻想的建筑，这种如画式的风格，转变了对废墟的认知方式。"皮拉内西的目的在于整合所有这些不同的残缺的信息和图像，用自己的想象做中介，将其'黏合'起来，对古罗马历史和文化进行重构。"[②]这种想象力是皮拉内西自己在罗马实地研究废墟，对于古典建筑建造方式历史感的特殊理解，既是对古罗马废墟的继承，也是对古罗马建筑的一种超越。

2.2　约翰·拉斯金的废墟

在论及废墟该如何存在、如何存在的废墟才是有意义的话题上，约翰·拉斯金[③]始终坚持废墟之所以具有独特的魅力是因为其特有的不完整，其存在代表着一种缺失。这种观点能从拉斯金对待废墟修复的态度上明显地显露出来。相对于"补完"的风格性修复，代表"维持性修复"的拉斯金认为"如今我所见到的对历史建筑的修缮和清理，无一例外地都劣于原本风化的部分，甚至劣于那些几乎没有设计过的地方。"[④]

2.2.1　如画观念

拉斯金之所以强调事物的本质，认为废墟建筑完美的状态应该是原始的状态，是建筑的建设者对于建筑的原初想法而非当下的修复创造，这与他小时候所接受的如画思想的影响有关。

在如画观念中，建筑在历经弥久岁月后会拥有一种崇高感，这要求在评论建筑的时候不能仅仅从其功能和外表上来进行，还必须考虑到其因为历史沧桑产生的崇高感。

2.2.2　真实的历史

拉斯金用"性格"[⑤]来形容这种诞生于如画观念的崇高感，一种无关风格和外观的内在属性。"性格"瞬间给予了废墟建筑"人性"，同时也说明废墟建筑所拥有的历史是"动态"的，不是能用任何一段时间的状态来形容概括的。这种"性格"是与建筑是否美观、实用、坚固甚至存在都没有必然的关系，反而是枝枝蔓蔓与光影斑驳更能够表现出独一无二的"性格"。

当废墟建筑拥有了这样一种不断变化后的"性格"后，就能明白无论后人如何费尽心思想将其修复都只不过是在试图用肤浅、没有内涵的外皮去蒙蔽废墟曾经经历过的真实岁月。

2.2.3　小结

废墟的魅力绝不仅仅体现在其外观、结构的正确、纯正上，它经历过的历史都是确实属于它的，这些痕迹和沧桑带来的不同"性格"

---

① 王冠蕤. 废墟与狂想——皮拉内西版画作品研究 [D]. 北京：中国美术学院，2018. 47.
② 王冠蕤. 废墟与狂想——皮拉内西版画作品研究 [D]. 北京：中国美术学院，2018. 48.
③ 拉斯金是英国美术理论家，工艺美术运动 (The Arts & Crafts Movement) 的理论奠基人，代表作有《建筑与绘画》(*Architecture and Painting*)、《建筑的七盏明灯》(*The Seven Lamps of Architecture*)、《威尼斯之石》(*The Stones of Venice*) 等。(作者注)
④ RUSKIN J. The Works of John Ruskin(Volume II)[M]. Whitefish: Kessinger Pub Co., 2007：205.
⑤ 在书中提及拉斯金常用"性格"一词来形容废墟建筑，这很好反映了如画观念在历年学者的讨论下却始终模糊不清，无法被准确定性的现象。(作者注)

变化都是弥足珍贵的，有时候对废墟的修补带来的仅会是一个完整的外壳，毁去的却是历史的"真实"。

2.3 巫鸿的废墟

巫鸿[1]作为著名美学史家，他从艺术史的角度，体现了各个国家的绘画、建筑等方面对"废墟"的解读。巫鸿在文中书写了东方与西方的废墟观差异：欧洲从最开始受如画式的影响，逐步转移到了把废墟当成思考学习的对象，而中国则是从独特的文化语境扩充了"废墟"的内涵。

2.3.1 东方的废墟观念（以中国为例）

中国古代常以木头建造房屋，建筑因木头容易腐烂的特质不易保存，使得场地往往失去了遗迹的痕迹。巫鸿眼中，尽管遗迹常常会没有实体，但是人们会借助自然衰败物、石碑和游古迹，去对废墟进行一种精神上的内化的缅怀，就如古画代表作《读碑窠石图》[图3（a）]，其并未将石碑画成残损状，怀古之情通过石碑旁的枯树来表达。中国的废墟审美，主要是对一个曾经存在，但现在只留下虚空的场地"废墟"的审美。废墟本体或许不是主要的表达者，"*其更多的是通过场地的特性（空白、杂乱攀爬的植物等）加深了人们记忆中的情感，并使人产生联想*"[2]。

中国古代也有一些可达的怀古场所，比如神迹、古迹、遗迹和胜迹。神迹基于历史传说，比如说华山就有大禹劈山疏水的传说，其带有"模糊的历史性"；古迹一般是指通过碑文记录下来历史遗迹；遗迹一般是朝代的政治记忆遗物，前朝人民可通过对它的怀古表达哀悼；胜迹则是指文化的一些累积，比如泰山[图3（b）]或者赤壁代表了一些历史事件和人物。这些场所虽然没有具体的遗迹甚至可能有的是后人加建的一些构筑物，但是人们是可以把这些地方变成抒发感情去追思的场所，说明在中国的观念中，我们并不强调必须要有废墟实体的存在。

2.3.2 西方的废墟观念

西方多用石材建造建筑，使建筑遗迹保存久远。这使西方与中国对遗迹有不同的理解与审美。巫鸿认为，在西方，废墟必须具备历史感和相对完好的形态两种特质，正如学者布罗迪所说："*理想的废墟必须拥有宏伟的外观来显示过往的恢宏，同时也要具有岁月的残损来表明辉煌已逝。*"[3]

西方的实体废墟是怀古情感的传达者。人们通过其恢宏、巨大或是粗野的个体形象产生视觉上的冲击，产生的是对废墟实体的强烈直观的感受。

2.3.3 小结

巫鸿的理解中，废墟既是虚体也是实体。虚体：废墟是不受制于实体遗迹或时间的限制的，场地凝结的是历史记忆，观者可以凭借相应的文化背景和历史素养进行主观的想象。强调人类痕迹的消逝。虚体是东方特有的废墟，西方并没有这样的观点。实体：废墟也是可见的实体遗迹，给予观者视觉上的震撼，再引发内心的思考，强调的是人类痕迹的保存。

---

① 巫鸿是著名的艺术史家，他的著作融合了历史文本、图像、考古、风格分析等多种方法，对理解中国古代不同材质、时期、主题的美术作品都颇有启发性，其参与编写的重要著作有《中国绘画三千年》《剑桥中国先秦史》等。（作者注）
② 巫鸿. 废墟的故事：中国美术和视觉文化中的在场与缺席 [M]. 肖铁，译. 上海：上海人民出版社，2012：30.
③ 同②。

(a)　　　　　　　　　　　　　　　　　(b)

▲图3　东方画中的废墟意境

（a）《读碑窠石图》，[唐] 李成、王晓

来源：巫鸿.废墟的故事：中国美术和视觉文化中的在场与缺席 [M].肖铁，译.上海：上海人民出版社，2012：49.

（b）通往泰山南天门的石阶

来源：巫鸿.废墟的故事：中国美术和视觉文化中的在场与缺席 [M].肖铁，译.上海：上海人民出版社，2012：139.

2.4　柳亦春的废墟

柳亦春作为在中国建设化浪潮中脱颖而出的一位建筑师，参与设计了不少与废墟有关的改造方案，如龙美术馆西岸馆、边园等，他在做建筑设计的时候也许也思考过新建筑与原有废墟的关系，因此我们借他的作品来分析他对于废墟的理解。

龙美术馆原址有一段建于1950年的煤料斗卸载桥[图4（a）]，它是上海工业文明时期的遗存物，在曾经的码头上显得落寞却又孤傲[图4（b）]。

柳布西耶[①]曾在《走向新建筑》（*Vers Une Architecture*）一书里用了大量美国谷仓等工业建筑的照片，在他的眼里这些工业建筑具有天生的魅力。和柯布西耶的想法有些不同，我们认为当初在设计这个煤料斗卸载桥时工程师并没有考虑美观，而是纯粹考虑了它如何更方便使用，然而经过数十年的风雨洗礼后，这一段丧失了原本功能的煤料斗卸载桥，在建筑师的眼里却也变为一个纯视觉美的景观物。

在新建造的龙美术馆[图4（c）]中，新创造的伞形结构不仅仅是为了大跨度结构更适应美术

---

① 柯布西耶是20世纪伟大的建筑师，也是机器美学的倡导者，他在《走向新建筑》中阐述了机械美学理论，提倡建筑的革新和平民化。（作者注）

（b）设计前场地

（a）煤料斗卸载桥　　　　　　　　　　　（c）现状

▲图4　龙美术馆，柳亦春，《介入场所的结构》

来源：柳亦春.介入场所的结构——龙美术馆西岸馆的设计思考[J].建筑学报，2014（6）：34-37.

馆类建筑和与原有地下车库架构相交，也是为了在外形上与原址保留下来的煤料斗相似。建筑师将卸载桥部分作为临时展厅，卸载桥本身也是一种展品，包含于建筑之中。展出与被展出的相互联系，加强了美术馆与这个历史废墟的关系。

小结：柳亦春特别注重结构作为废墟意义的存在方式，一方面这是出于他认为结构作为建造可以各种方式进入城市空间，而结构和场所的结合便是一种方式，不论是龙美术馆还是艺仓美术馆，柳亦春都特别注意保留废墟的痕迹，他认为这是城市的记忆，不应被抹去。换言之，从城市的角度来看，他也希望自己的建筑也能像龙美术馆的那段煤料斗卸载桥废墟一样，作为一段有价值的历史记忆被保留。这样的假设多少暗含了这样的意识：城市仍旧是废墟记忆的住所。

3　废墟新生

在上文我们从不同学者的认知、从不同角度去认知废墟这一存在，我们能感知到历史上学者们提出的观点其实都离不开他们所处的社会、时代、地区的文明的影响，特定的时代条件带来了不同观点。同时在当下这个全球联通的时代，我们发现当下的新建筑已经很难像以前那样只是一种观点的代表，而是同时拥有着各个时代的烙印：无论是从"东方"还是"西方"，"求原真"还是"求风格"，在大舍建筑设计事务所的新作"边园"中我们都能做出不同的诠释。

3.1 "码头—边园"

项目的主体码头边上一道长约90m、高约4m的混凝土墙[图5（a）]曾是为了在运输过程中防止煤炭滑落到水中而建造的，如今码头早已失去了它原本的作用，这一道长长的混凝土墙与随风而来的草籽、树种一同生长，成为岸边的一道废墟风景。

柳亦春以这段混凝土墙为凭依，赋予了这段墙一道单坡屋顶、悬空长廊、尽端亭子、林间坡道折桥，在岸边划分出了内外空间，墙内是一片记录了时间的荒芜林园和檐下长廊，墙外则是开阔的江边悬廊，近与远、抑与扬、古与今就被一道墙简简单单划分开来。

3.2 边园的改造策略分析

上海杨浦区杨树浦路2524号杨树浦煤气厂码头是边园的前身，边园作为杨浦滨江项目的一个由工业用途转为城市公共空间的水岸更新项目，柳亦春认为保留住既有的风景特质是最重要的，因为这种风景一直存在于上海过去大半个世纪繁忙的工业活动中。这也符合他一直以来对待废墟的态度。

3.2.1 墟承历史

我们认为废墟相当于一个异型的钟表，上边记录的刻度就是它从建立到消亡的历史——时间的消逝总是和历史相关的，而历史总是随着时代的变化而不断更新迭代。边园这个设计里，残留的墙体[图5（b）]和保留的花园[图5（c）]嵌在上海历史中。它只是一段无名的废墟，人们甚

至不会刻意去关注它，但是当人们走进它时，会惊讶于其自身荒凉感带来的诗意，体会到这个工业遗迹所传出的一些魅力。边园既满足了"*需要朽蚀到一定程度，也需要在相当程度上被保存下来，以呈现悦目的景观，并在观者心中激发起复杂的情感*"[①]，也满足巫鸿所提出的古代中国因为"空无"形成的怀古之情。在这个层面上，中西方对于废墟的感情是类似的，即当下时空的所见和过去时空的认知之间会形成情感震撼，这就是废墟的魅力。人们会不由自主地联想边园的曾经。废墟最坚固的部分会挺立在时间长河中，记录着历史。

3.2.2 墟寄新生

当墟物在时光的打磨中去除了芜杂，虚构就被时光从整体中剥离出来，这是建筑的骨干，是支撑起建筑精气神的部分。

如龙美术馆、八万吨筒仓改造、老白渡煤仓改造等都是以废墟为基石，从其上不断地生长延伸开来，这赋予了废墟新的生命，而同时保留了足够多拉斯金所谓废墟的"性格"，同时没有让废墟脱离它经已经历过的真实的历史，而是赋予了它紧接着上一段历史的新生。

边园原本作为几十年前上海地区的工业经济的见证者，现在成为上海城市更新中的一道风景线。90m长的墙体本身便划分出了墙里和墙外。外墙长面[图6（a）]扬起檐口空中敞廊，用单薄的细钢柱和厚重的混凝土墙体结合，在墙体上，原来风化的缺口被打造成了临时休憩的座位[图6（b）]；内墙长面[图6（c）、图6（d）]一条压低檐口的廊道紧挨着废墟花园和蜿蜒其中的坡道连桥，这代表着原始的野趣。墙体的端头加

---

① 巫鸿.废墟的故事：中国美术和视觉文化中的在场与缺席 [M].肖铁，译.上海：上海人民出版社，2012.

（a）码头

（b）墙

（c）荒废花园

图5　码头遗址，大舍建筑设计事务所
来源：建筑摄影师田方方. 边园：杨树浦六厂滨江公共空间更新. 上海：大舍建筑设计事务所[EB/OL]. (2020-06-20) [2020-08-20].
https://www.gooood.cn/riverside-passage-yang-pu-riverfront-urban-space-renovation-china-by-atelier-deshaus.htm.

上了一个没有明确观景方向的亭子[图6（b）]，将四下景色收入眼中，"于是地面、墙体和介入的结构物一同形成了新的整体。"①

　　历史与当下的结合，便是这段墙存在的意义，它承受着风雨洗刷，只为在某个时间点，等待我们去接近，去将尘封的历史重新打开进行解读，这既是为了要保持它自身能继续存在，也是为了让它代表的文化、历史能够与现代融合。

3.2.3　墟承记忆

　　现在的边园新建筑可以说是来自废墟的产物，但是边园相较于柳亦春的其他作品如龙美术馆相比，又多了几分与场地的相互对话，起码不再像龙美术馆大体量那么"孤独"。柳亦春于近来的演讲中也有意引入了《园冶》里的论说以梳理自己的设计理念，"巧于因借、得体合宜"。过去与黑煤相伴的长墙如今却也花草相依，可以

---

① 柳亦春. 结构的体现：一段思考与实践的侧面概述 [J]. 时代建筑，2020（3）：32-37.

（a）正面敞廊

（b）墙体缺口改造

（c）坡道连桥

（d）内花园

（e）亭子

▲图6　边园现状，大舍建筑设计事务所

来源：建筑摄影师田方方．边园：杨树浦六厂滨江公共空间更新，上海/大舍建筑设计事务所[EB/OL]．(2020-06-20) [2020-08-20].
https://www.gooood.cn/riverside-passage-yang-pu-riverfront-urban-space-renovation-china-by-atelier-deshaus. htm.

说它们都是融入了时代片段的废墟。"废墟不间断地使其自身进入周围的风景中，像树和石头般与风景一同生长"①。

虽然建筑废墟是碎片化的，但这些碎片可以通过建筑师的改造映射出曾经完整的建筑——这与皮拉内西在他图画中总是将不同的碎片进行重组，在"空无"的间隙加入自己的想象，将整段历史进行重构具有异曲同工之妙。但是柳亦春在处理边园时不同于皮拉内西的做法是：建筑师在废墟的改造中不做过多主观的价值判断，而是充分尊重了场地与边上的旱冰场、远处的江水以及周围邻近的野生植物景观（图7）。就如柳亦春之前表述的，"在这里，人会被景观吸引，而不是关注建筑本身，从而这个建筑的'体'，仿佛就融化在这一片场所里"②。历经风雨剩下的是建筑中坚固的结构，保留下的结构清晰地向我们展现了由它延展出的一切。从一道墙出发，结合对于历史的认知，码头的基础、码头的车行轨道、码头承托板、桩基础、防汛墙……都能够被清晰地展现。

▲图7　边园的屋面斜切出一抹景观，大舍建筑设计事务所
来源：建筑摄影师田方方. 边园：杨树浦六厂滨江公共空间更新，上海/大舍建筑设计事务所[EB/OL]. (2020-06-20) [2020-08-20].https://www.gooood.cn/riverside-passage-yang-pu-riverfront-urban-space-renovation-china-by-atelier-deshaus.htm.

4　结语

从前文论述可见，无论是早先的哈德良离宫还是当今的边园，废墟都用独有的形态诉说着"过去时代的烙印"和"当下时代的希望"。不断追问废墟的本质在探讨本篇文章内容的任何时候都是重要的，我们赞同绘画、艺术美学或遗产保护领域对于废墟定义的理解，但是我们在讨论废墟的时候，又不仅仅是在讨论废墟：因为从我们建筑生的眼光来看，废墟更多是以一种结构的

形式保留在现实生活当中。柳亦春曾经引用哲学家雅克·德里达（Jacques Derrida）的一段话来表达自己对于结构作为建筑最后废墟的永恒价值："……当充满活力和意义的内容处于中性状态时，结构的形象和设计就显得更加清晰，这有点像在自然或人为灾害的破坏下，城市的建筑遭到遗弃且只剩下骨架一样。人们并不会轻易地忘记这种再也无人居住的城市，因为其中萦绕的意义和文化使它免于回归自然……"③我们相信废墟在向自然回归的时候，结构的力量就会浮现。这时我们再次回头看文章开头哈德良离宫的照片，会感受到那一片历经风霜而始终孤高屹立的废墟，即使残破，却仍然可以维持建筑自身具备的力量，也是建筑真正可以去影响外在的力量，这种力量是直指人心的。废墟既宁静地抵抗尘世间的喧嚣，又以残缺的姿态填补现代人的心灵空间，它的故事始终都在，即使仅剩骨干，废墟带来的影响也已经根植入我们生活的年代。

① 张宇星. 废墟的四重态——大舍新作"边园"述评 [J]. 建筑学报，2020（6）：52-57.
② 柳亦春. 重新理解"因借体宜"——黄浦江畔几个工业场址改造设计的自我辨析 [J]. 建筑学报，2019（8）：27-36.
③ 柳亦春《结构为何》（STRUCTURE Matters），2016 哈佛大学设计学院的 PIPER 讲堂演讲（作者摘录于现场演讲内容）。

主题5：
文化观念与建筑

◎ 浅谈SANAA作品中的西方至上主义与东方禅意／167

◎ 从叙事学角度解读中国佛教建筑空间氛围营造中的传统文化基因／183

浅谈 SANAA 作品中的西方至上主义与东方禅意

Brief Talk of Cyпрематизм & Buddist Mood

傅铮 章雪璐 / 文

摘要

本文从SANAA[①]部分作品入手，分析其中至上主义[②]与东方禅意在不同方面的体现，并试图去找寻SANAA作品中这两种特质的来源。

关键词

SANAA；妹岛和世（Kazuyo Sejima）；西泽立卫（Nishizawa Ryue）；至上主义；东方禅意

引言

在"近现代建筑史"这门课程中，我们接触到了至上主义绘画，并被其纯粹的气质所吸引，同时，在同一学期"建筑系馆"课程设计的案例学习中，我们发现 SANAA 的作品在某些方面展现出了与至上主义相似的氛围。由此而思，SANAA 的作品和至上主义绘画之间是否存在着某种关联？如果有，这种影响又是如何发挥作用的？他们的作品中还有其他的影响作用存在吗？

带着这些问题，我们在初步查阅文献资料后发现，SANAA 的作品中确实存在至上主义绘画的影响，但同时，部分作品中还具有一些不同于至上主义绘画的特质。例如 SANAA 的卢米埃公园咖啡厅（Lumiere Park Cafe）中比较写意的圆，就像是仙厓义梵（Sengai）挥笔勾出来的禅画。一些作品在介入场地时谦卑的姿态、与环境的有机互动，更像是东方"禅"的思想。那这又是否说明SANAA也受到了东方禅意的影响？或者说，其作品中同时存在西方至上主义绘画和东方禅意两种特质的展现？

---

① SANAA 建筑事务所由妹岛和世和西泽立卫于 1995 年共同创建于日本。
② 至上主义（俄语cyпрематизм，英语suprematism，或译作"绝对主义"）：现代主义艺术流派之一，20世纪初俄罗斯抽象绘画的主要流派。创始人为卡济米尔·谢韦里诺维奇·马列维奇（Казимир Северинович Малевич，1878—1935）。

1 SANAA建筑风格特征

1.1 SANAA建筑风格特征之——形

至上主义绘画完全破除了固有的绘画模式，画面没有空间上的深度。在绘画的语言上，马列维奇认为几何体是世界上最纯粹、最绝对的造型，用圆形、长方形、十字形就能将世界万物全部表现出来（图1）。在这些几何形体中，马列维奇认为方形是最基础的几何形——"长方形是方形的衍生，圆形是方形旋转的结果，十字形是方形纵向与横向的交叉。"

妹岛与西泽对基本几何形体的喜爱是十分明显的，从李子林住宅（图2）、金泽二十一世纪美术馆（Kanazawa 21 SeikiBijutsukan）（图3）等一系列SANAA的作品中，我们都可以看到他们对于几何形体的利用。2005年建成的森山邸中则出现了更加耐人寻味的现象，森山邸的平面形制（图4）与巴勒莫的《无题，八个红色方块的组合》（图5）有着很大的相似性[1]。2006年，SANAA的"矿业同盟区管理与设计学校"（图6），更是将方形的使用推向了顶点——立方体的建筑，4个面上分布着3种规格的方形开窗，带有强烈的至上主义色彩。

▲图1 马列维奇《黑色方块》（1915）（左）、《黑色圆形》（1923）（中）、《黑色十字》（1915）（右）布面油画
馆藏：国立特列季亚科夫画廊（Tretyakov Gallery, Moscow）
来源：回凌云至上主义绘画与《道德经》思想一致性的研究[D]. 石家庄：河北师范大学，2014.

▲图2 SANAA李子林住宅
来源：CECILIA F M, LEVENE R. House in A Plum Grove[J]. EL Croquis, 2004（121, 122）：280-281.

▲图3 金泽二十一世纪美术馆
来源：CECILIA F M, LEVENE R. 21st Century Museum of Contemporary Art, Kanazawa[J]. EL Croquis, 2004（121, 122）：62-63.

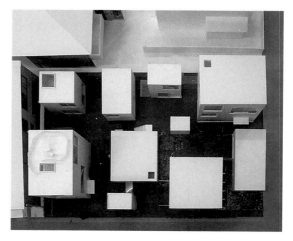

▲图4 SANAA 森山邸
来源：CECILIA F M, LEVENE R. Moriyama House[J]. EL Croquis, 2004（121, 122）：369.

① 方振宁. 绘画和建筑在何处相逢[J]. 世界建筑，2008（3）：75-78.

▲图5　巴勒莫《无题，八个红色方块的组合》
来源：方振宁. 绘画和建筑在何处相逢 [J]. 世界建筑, 2008（3）: 28.

▲图6　SANAA矿业同盟区管理与设计学校
来源：CECILIA F M, LEVENE R. Zollverein School of Management and Design[J]. EL Croquis, 2008（139）: 144~145.

1919年，《白上之白》（图7）的面世，标志着马列维奇[①]将这种方块至上的语言发展到了极致，这幅作品被认为是对至上主义的完美诠释。而SANAA于2007年建成的直岛町客运站（图8），在鸟瞰角度仿佛就是一幅放大版的《白上之白》。

在SANAA的其他一些作品中，我们还发现了一些有别于至上主义规整几何体的形式。SANAA于1999年设计的卢米埃公园咖啡厅（图9）、2004年设计的国际建筑实践展览馆（House for the International Practical Exhibition of Architecture）（图10）中都可以发现一种比较写意的图形。不同于金泽二十一世纪美术馆中的正圆与至上主义追求的完美几何体，这种形式似乎是来自禅画[②]中的语言（图11），SANAA的这类建筑更像是东方文化熏染下的"禅建筑"[③]。因此，无论是西方至上主义基础的几何形体，还是东方禅画中的写意形式，都能在SANAA的作品中找到影子。

▲图7　《白上之白》
来源：张兵兵. 至上主义绘画中的哲学内涵研究 [D]. 锦州：渤海大学, 2017.

▲图8　直岛町客运站鸟瞰图
来源：Google Map. 直岛町客运站 [EB/OL].https://www.google.com/maps.

① 卡西米尔·塞文洛维奇·马列维奇（Kazimir Severinovich Malevich），是俄国乌克兰至上主义倡导者、几何抽象派画家。
② 禅画是东方独特、独有的艺术表现形式之一，体现了一种不立文字，直指本心的直观简约主义思想和卓而不群的禅境风骨。
③ 禅建筑意为受禅宗思想与文化影响的建筑。

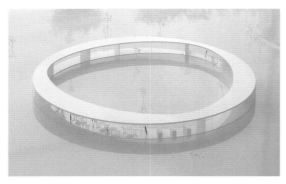

▲图9　卢米埃公园咖啡厅（1999）
来源：CECILIA F M, LEVENE R. Lumiere Park Cafe[J]. EL Croquis, 2004（121, 122）：59.

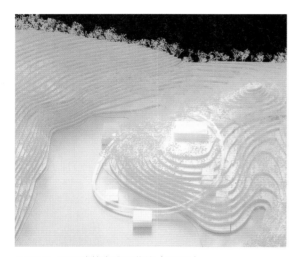

▲图10　国际建筑实践展览馆（2004）
来源：CECILIA F M, LEVENE R. House for the International Practical Exhibition of Architecture in China[J]. EL Croquis, 2004（121, 122）：237.

▲图11　仙厓义梵《思索》
来源：仙厓义梵. 思索–仙厓义梵高清作品欣赏[EB/OL].(2018-10-10)[2020-08-10].https://www.mei-shu.com/famous/24918/artistic-141676.html.

1.2　SANAA建筑风格特征之——色

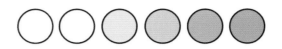

　　显而易见，例如大仓山集合住宅（Okurayama Apartments）（图12）、表参道迪奥旗舰店（Dior Building Omotesanclo）（图13）等，SANAA的很多作品中都显露出了非常强烈的去颜色化的特征倾向，妹岛早期也因此受到了不少人的质疑。妹岛在一篇访谈中谈到了她对材料的考虑："其实我并不擅长使用不同材料，很多人批评我说，你的房子都是白色的。但我选用材料的一个重要原因就是希望使光的反射更均匀柔和，所以我的建筑在图片中看起来都是白色的。我会尽量避免明确的材料区分，而且我们也

▲图12　大仓山集合住宅
来源：CECILIA F M, LEVENE R. Okurayama Apartments[J]. EL Croquis, 2011（155）：105.

▲图13　表参道迪奥旗舰店
来源：CECILIA F M, LEVENE R. Christian Dior Building Omotesando[J]. EL Croquis, 2004（121，122）：126-127.

想让人们可以在里面自由行走，这意味着我要将目光引入到任何地方……"[1]妹岛选用白色材料的原因是希望光的反射更加均匀，进而创造空间的自由度。区分度较小的材质决定了空间的氛围是纯净的，妹岛正是希望能创造这种去掉一切繁杂之物后的空间纯粹性。

而对于马列维奇来说，他的创作是逐渐色彩纯净化的过程。他曾说："至上主义可划分为3个时期，即黑色、彩色及白色时期，黑色方形是经济的讯号，红色方形是革命的讯号灯，白色方形则是纯粹的行动。"[2]从标志着至上主义诞生的《白底上的黑色方块》（图14），到将红色作为主色调的《白底上的红方块》（图15），再到

1918年创作的《白上之白》（图16），可以看到马列维奇的心境正在慢慢向他所追求的至上主义的终极状态转变：即彻底抛弃色彩，让白色成为一种"无即一切"的存在。

《白上之白》在能见度的界内，创造了两种不同的白色[3]，但这两种不同的白色并不是用不同的白色调子平铺，而是用笔触以及不同厚度的白色颜料来创作。在不同光线的照射下，笔触高低之间的阴影会随之变化，虽然画面中只有一种颜色，但方块并不是单调的静止，而是瞬息万变的，从而让白色方块从白色背景中凸显出来。

马列维奇认为，白色作品不像一些人所认为的是虚无主义的表现，白色画作是绘画的最高喜悦。他曾说："方的平面标志着至上主义的开始，它是一个新色彩的现实主义，一个无物象的创造……所谓至上主义，就是在绘画中的纯粹感情或感觉至高无上的意思。"因此白色标志着抛弃一切冗杂的事物比如主题、物象、内容、空间等传统象形绘画中的表达要素，在白色的沉默中追求某种最终解放的状态。

正如《论艺术的新体系》中马列维奇骄傲地宣称："我已冲破蓝色局限的乌黑而进入白色，在我的面前是畅通无阻的白色太空，是没有终极的世界。"[4]

很明显，马列维奇把至上主义的终极归纳

① 谢依含，张子皓，孙志健，等.透きり浮き：妹岛和世那似轻似白的抽象[R/OL]. (2019-06-06)[2020-08-10].https://mp.weixin.qq.com/s/h8kA9jeH5xTQdz2opX5Myg.

② 阴山工作室.至上主义终极之作马列维奇《至上主义构成：白上之白》[EB/OL].(2018-06-09)[2020-08-10]. http://blog.sina.com.cn/s/ blog_14b3d4d590102yfmq.html.

③ 纽约现代美术馆馆长利亚·迪克曼：A white form glides on a white expanse at the very threshold of visibility. And color is minimized although it's still present. You can see that there's two very different forms of white in the composition. And the surface is very worked. So white is a way of taking away, minimizing color itself and actually focusing on the material of painting.——《白上之白》纽约现代美术馆藏介绍文.

④ 《白上之白》这幅作品在 1919 年的"第十届国家展——非具象创作与至上主义"白色系列美术展览上展出，马列维奇在展出的目录上写道："游泳吧，自由的白色大海，无边无际即将展现在你眼前。"此次展览后，马列维奇出版《论艺术的新体系》，其中他对白色系列进行了自我论述："我已冲破蓝色格局的黑色而进入白色，在我的面前是畅通无阻的白色太空，是没有终极的世界。"

▲图14 1913年《白底上的黑色方块》
79.5cm×79.5cm 布面油画
馆藏：圣彼得堡俄罗斯国立博物馆
（Государственный
Русский Музей）

▲图15 1915年《白底上的红方块》
53cm×53cm 布面油画
馆藏：圣彼得堡俄罗斯国立博物馆
（Государственный
Русский Музей）

▲图16 1918年《白上之白》
79.4cm×79.4cm 布面油画
馆藏：纽约现代艺术博物馆
（Museum of Modern Art, New York）

为纯粹的"白"，而禅意则把世间万物的"五色繁杂"用"黑"来涵括，即黑色包含了世间万事万物。禅画对墨"迹"的讲究远高于墨"色"，以低饱和度的"黑"来保持想表达事物的原始本性，摒弃色彩的不断涂抹与雕琢，把一切都蕴含在一笔墨色之中。

而禅意之黑，也并非单调的极黑，例如牧溪的《六柿图》（图17）中，6个柿子看似随意摆设，实则墨色的浓淡暗含着空间关系的远近，不同的笔墨、虚实、阴阳、粗细间均蕴含着质朴、静远的禅思。又例如，仙厓义梵（Sengai）的《宇宙（圆，三角形，正方形）》（图18），除落印外均是一只墨笔绘成，落笔由浓而淡，由润转涩，一切心境，仿佛都归于"无色、无形"。

禅画中将黑色奉为至高无上的颜色，意味着摒弃外界纷扰繁杂的世界，用心去感受自己心中的那份沉思。老子《道德经》十二章有"五色令人目盲"，说的也是乱花迷人眼而忽视了最本质的自我心性。

马列维奇从最初的黑色时期，再到彩色时期，最后归为表达终极纯粹的白色。而在禅学中将五颜六色的万物都回归到黑和白的境界，最终将色彩归结到玄色（黑色）。两者对至纯、至朴的追求表现出了默契的一致性。

从表象上看，SANAA的作品与至上主义和禅意相似，都是表现出了明显的去颜色化的特征，试图用一种纯粹的颜色去表达内心所思。然而更深层次的理解，不管是SANAA的作品，还是西方至上主义绘画与东方禅画，去颜色化的原因为何？目的又为何？

在马列维奇的《白上之白》中，颜色被最小化了，但它依然存在。禅意世界中将万事万物归结于黑色，在极端纯粹的墨色中体悟到宇宙万物，就如同SANAA的作品中材质的区分度被控制在了最小范围内，但依然能感受到他们在颜色之外真正想要传达的东西，也就是纯粹的空间。SANAA作品中的去颜色化或许正是至上主义与禅意所共同表现的特征，即剥离外界繁杂事物后对内心的思索。

1.3 SANAA建筑风格特征之——界

在对待客观环境的态度上，马列维奇认为对客观环境的表达是无意义的，唯情感是有意义的。在他看来对于客观物象的描摹复制，不能称之为艺术，艺术家应完全摆脱外物的束缚。因此

▲图17　牧溪《六柿图》
馆藏：京都龙光院
来源：之中.牧溪：被遗忘的大师[EB/OL].(2019-06-23)[2020-08-10].https://www.sohu.com/a/322811516_651042.

▲图18　仙崖义梵《宇宙（圆，三角形，正方形）》
馆藏：日本出光美术馆（idemitsu）
来源：仙崖义梵.仙崖义梵高清作品欣赏[EB/OL].(2018-10-10)[2020-08-10].https://www.mei-shu.com/famous/24918/artistic-141676.html.

至上主义强调的是情感的最高表达，马列维奇认为这种纯感觉的表达完全远离了激发它所产生的环境，一切传统的绘画手段、再现客观物象的手法都应该被摒弃。打个比方，至上主义就好像是一片与外界隔绝的荒漠，四周都望不到边际，但在荒漠中却洋溢着纯粹的感觉精神。[①]

　　而在禅宗的思想中，自然环境扮演着十分重要的角色，"藉景观心"是禅宗重要的修正法。同时禅宗的思想认为众生平等，护生的思想使得禅宗建筑大多融入自然，最大限度地减少对自然的破坏。唐代高僧五祖弘忍有言："境界法

身"，就是说佛法存在于自然万物与周遭的环境之中。从这些方面都可以看出在禅宗的思想中对自然环境是持亲近的态度的，这一点与至上主义远离客观环境的思想有着很大的区别。

　　回到SANAA的作品中，妹岛和西泽对于环境的态度，显然更接近于禅宗的思想。在矿业同盟区管理与设计学校中，通过立面上大大小小的方形开窗，实现了室内外环境的交互（图19）；在玉溪花园（Yu-xi Garden）（图20）、巴黎社会住房（Paris Housing）（图21）、大仓山集合住宅（Okurayama Apartments）（图22）等作品中，SANAA通过对建筑形体的操作，柔化建筑边界，使建筑与自然的接触面最大化，同时也为原有的树木退让空间；在森山邸（图4）中，西泽创造性地将住宅打散成一个个的小体量，使风、光、空气等自然要素填满建筑的每一个角落；而在蛇形画廊中（图23），更是通过铝板反射周围的环境，使建筑与自然融为一体。

　　从大量的SANAA作品中都可以看到，妹岛和西泽利用各种不同的方式，其目的都是使建筑能以最弱的存在感最大限度地融入环境之中，这与禅宗的环境观不谋而合。

▲图19　SANAA 矿业同盟区管理与设计学校
来源：CECILIA F M, LEVENE R. Zollverein School of Management and Design[J]. EL Croquis, 2008（139）：148-149.

---

① "至上主义是一种情感至上的至高无上，对于至上主义而言，客观世界的现象其本身是无意义的，最为重要的是情感，是唤起这种感情的情感。"——马列维奇

▲图20　SANAA 玉溪花园
来源：CECILIA F M, LEVENE R. YU-XI Garden[J]. EL Croquis, 2008（139）：270.

▲图21　SANAA 巴黎社会住房
来源：CECILIA F M, LEVENE R. Paris housing[J]. EL Croquis, 2008（139）：209.

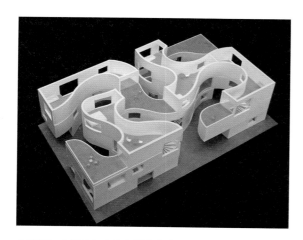

▲图22　SANAA 大仓山集合住宅
来源：CECILIA F M, LEVENE R. Okurayama Apartments[J]. EL Croquis, 2008（139）：264.

▲图23　SANAA 蛇形画廊
来源：CECILIA F M, LEVENE R. Serpentine Gallery Pavilion[J]. EL Croquis, 2011（155）：18.

1.4　SANAA建筑风格特征之——解

　　SANAA设计手法上的特征可以归结为两点，即界面的弱化与消解、结构的离散。

　　在形式上，妹岛在伊东丰雄（Toyo Ito）"消隐性"的基础上更多地追求"边界的弱化"，如金泽二十一世纪美术馆（图3）、蛇形画廊（图23）、卢浮宫朗斯分馆（图24）等。他们用玻璃、铝板、镜面不锈钢等轻质、透明、金属材料来构建建筑，使建筑轻且薄。

　　而在结构上，SANAA花费大量的时间研究如何让建筑中的柱子纤细而纯净，且柱子两端与地面、天花之间不产生接头，看上去就像是一块薄薄的板轻轻地放在这些立柱上，给人一种"不真实感"（图25）。

　　如图24所示的卢浮宫朗斯分馆的立面，远远看过去那些白色纤细的柱子都近乎消失，只有一片薄薄的板悬浮在空中。也就是说，表现了结构的离散（纤细的白色钢柱分散）与结构和结构之间（柱与板）的离散都用看似不受力的状态带给人一种轻的感受。

▲图24　SANAA 卢浮宫朗斯分馆
来源：好奇心日报. 如何让建筑更好地融入环境[EB/OL].
(2019-04-08)[2020-08-10]. http://new.qq.com/
omn/20190408/20190408A09SUM.html.

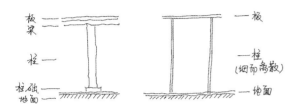

▲图25　SANAA对传统结构的革新图解
来源：作者自绘。

▲图26　马列维奇《红色骑士》油画，91cm×140cm
馆藏：圣彼得堡俄罗斯国立博物馆
来源：阁楼的艺术家. 绘画 卡兹米尔Severinovich马列维奇 [EB/OL].
[2020-08-10]. http://petroart.ru/cn/art/m/malevich/art3.php.

▲图27　至上主义绘画《充满活力的》
来源：张兵兵. 至上主义绘画中的哲学内涵研究[D]. 锦州：渤海大学，2017.

同时也是对物象绘画的改革与终结。至上主义画作中各个元素之间的离散或许可以理解为对于真实物体（重量、流动性、空间、时间等）的舍弃与消解。

此外，在东方禅画中总是会出现幽远超然的留白，例如牧溪的《石榴》（图28），画面中只剩下3颗石榴，没有对石榴所在环境的描绘，其他禅画也表现出这种对细节的忽略、对背景的消解或者说是背景与物象的离散。

1.5　SANAA建筑风格特征之——悟

马列维奇的至上主义绘画，取消了画面的空间感，简化了图案的形式，否定了具体的创作主题，色彩也简化到了纯色。至上主义是马列维奇对精神感觉的纯粹表达，他充满激情地宣称：

马列维奇倾向于选择最简单的形式去探索形体、色彩与空间的关系。如马列维奇1932年创作的《红色骑士》（图26）与一些至上主义系列画作（图27），展示出它们没有任何代表性质的表达方式，完全由感觉及自由哲学所指引。对于马列维奇来说，这就是至上主义本身的精髓所在，

▲图28　牧溪《莲鸟图》《石榴》《无题》
来源：之中.牧溪−被遗忘的大师 [EB/OL].(2019-06-25)[2020-08-10].https://www.sohu.com/a/322811516_651042.

"简化是我们的表现，能量是我们的意识，这能量最终在绘画的白色沉默之中，在接近于零的内容之中表现出来。"这样"无"便成了至上主义的最高原则[①]。白色至上成为他绘画中的至高境界，马列维奇将自己的情感寄托于一笔笔不同的油画笔触中，通过白色的方块将这些情感一齐包裹起来。

禅宗将心作为宇宙万物的本体，所谓的"心性""佛性"也不是什么具体的有形物质，而是一种思想状态。禅宗思想摆脱了出世的概念，强调以禅的思想修习、直探本性。

而SANAA的作品中，无论是通体的白色、均质化的空间还是纤细到仿佛不存在的钢柱都体现了其对于建筑纯粹性的追求。与马列维奇类似，SANAA将自己的情感寄托于均质空间中的微差（图29）。

至上主义与禅学在两种完全相异的文化背景下产生，但它们都企图在客观的事物外寻找情感的表达。两者在精神上都具有纯粹性，以简略缔造一种心境，以表现内在的生命体悟。

2　SANAA建筑风格成因溯源

2.1　SANAA建筑风格成因溯源之——社会背景

第二次世界大战后，日本的战败使得社会普遍产生了对传统的质疑。现代主义思想和方法的兴起，与日本古代的封建残留制度紧密相关的日本传统样式日渐衰落（图30）。在这样的时代背景下，日本古代建筑遗产的所在地门可罗雀，优美的遗产被遗忘在角落，但也有一些日本建筑师开始寻找本民族的文化自信与建筑语言。

妹岛与西泽分别生于1956年和1966年，而SANAA成立于1995年，他们可以说是在日本泡沫经济的大背景下逐渐开始自己的设计生涯的。

① 何政广.马列维奇[M].石家庄：河北教育出版社，2005.

▲图29　SANAA 阿尔梅雷"来自艺术"剧院和文化中心

来源：CECILIA F M, LEVENE R. "De Kunstlinie" Theatre and Cultural Centre, Almere[J]. EL Croquis, 2004（121, 122）：44-45.

彼时，经历了几代前辈的探索，日本建筑师已逐步建立起文化上的自信。在经历过"二战"重建、泡沫经济之后，新一代的日本建筑师不再追求传统上"坚固""永恒"的建筑，"轻盈""临时""柔弱"等成为新建筑的标签。这种建筑的不确定性在SANAA的作品中有了很好的展现，其不同于至上主义明确的关系，更接近于东方禅意的暧昧。

2.2　SANAA建筑风格成因溯源之 ——传统文化

禅宗文化自中国传入日本后于室町时代

（1336—1573）达到鼎盛，室町时代常年战乱，镰仓时代（1185—1333）建立起的佛教派系纷纷走向衰落，只有禅宗一派凭借着世俗化、平民化的特点继续兴盛。由于禅宗思想对于室町文化的深刻影响，日本民族中产生了基于禅宗精神的审美倾向：崇尚"天人合一"的自然观，认为一切美源于大自然，最高的美也存在于大自然。这种文化审美也一直延续至今，反映在SANAA的作品中。

当代，以日本为代表的东方现代主义建筑理念在国际上引起了广泛的关注。日本建筑师们已经走向国际舞台，在现代主义的几何构成中加入了日本民族性的思考，妹岛和西泽都是土生土

▲图30　日本传统建筑样式的代表——桂离宫

来源：深圳观筑.日本现代经典建筑[EB/OL].(2018-09-18)
[2020-08-10].https://www.sohu.com/a/256807312_725681.

▲图31　金泽二十一世纪美术馆视觉上的虚体

来源：多怪-Z.金泽二十一世纪美术馆[EB/OL].[2020-08-10].
https://huaban.com/boards/14006382.

▲图32　桂离宫松琴亭中真实存在的虚体

来源：佚名488952.日本历史文化穿越之旅[EB/OL].(2016-09-20)
[2020-08-10].https://www.sohu.com/a/113398560_488952.

长的日本人，在日本完成大学的建筑学教育，受到日本本土文化的熏陶，因而这种民族文化的审美倾向也反映于他们的共同作品之中，文化自信的重拾使得SANAA作品中展现出了更多的东方意味（图31、图32）。

2.3　SANAA建筑风格成因溯源之——师承关系

妹岛曾经说："一般来说，我自己属于承上启下的一代。"[1]承上主要是指承袭了伊东丰雄的建筑思想，发展了库哈斯的思考方式（图33）。因此在解析妹岛和世和西泽立卫的建筑思想之前，先对库哈斯和伊东这两位建筑大师的设计思想有所展开。

2.3.1　雷姆·库哈斯——功能重组

功能"不确定性"，是库哈斯在1972年《疯狂的纽约》中提出的。不过，库哈斯仅是从宏观层面，对现有的功能单元打破进行重新组合。而妹岛和西泽也受到过库哈斯图解建筑思想的极大影响。

2.3.2　伊东丰雄——结构消解

伊东丰雄的建筑中传递的更多的是一种"结构的消解"，从仙台媒体中心（图34）的"柱的弱化"，到多摩美术大学（图35）的"柱墙梁的一体化"可以看出他对建筑结构形式不确定性的探索。这种"不确定性"作为一个主线也一直贯穿延续到妹岛和世和西泽立卫的建筑思想中。伊东创造出的这种不确定性影响到了SANAA的建筑视觉上的不确定性，使得他们建筑的空间纯粹通透，具有"禅"一样的纯净空间。

---

① 王发堂.确定"不确定性"的确定性——妹岛和世和西泽立卫的建筑思想解读[J].建筑师，2009（4）：51-57.

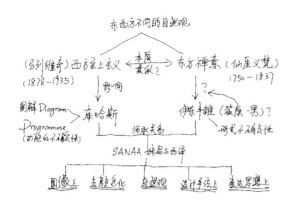

▲图33　师承关系
来源：作者自绘。

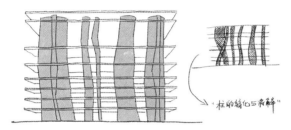

▲图34　仙台媒体中心
来源：作者自绘。

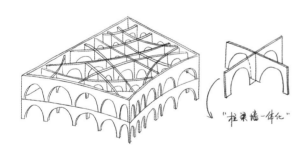

▲图35　东京多摩大学图书馆
来源：作者自绘。

2.3.3　SANAA——"不确定性"

可以说，SANAA的不确定性是来源于库哈斯与伊东的设计思想与方法。SANAA传承了库哈斯的功能重组与结构消解，而这种拆解、离散、弱化的特征同样也在至上主义绘画与禅画中有所体现。

事实上，SANAA的建筑从设计方法开始就是不确定的。妹岛和世和西泽立卫在设计初期尽

量避免将可能性完全局限住，即使设计进行到后面的阶段，他们也尽力不放弃任何新的可能性。设计过程中的这种不确定性，让整个设计过程都处在模糊之中。而这种模糊性也正是至上主义所表达的特质之一，即瞬息万变。

另外，从建筑本身来说，SANAA作品中的功能不确定性是库哈斯功能重组的设计手法在日本本土文化影响下的再创造，并且是以日本的禅文化的内心细腻和独特感受作为基础的。SANAA的作品更加考虑人在其中的感受，并不机械地确定这个空间承载什么功能，让建筑功能不确定与多元。如图36中仿佛直接由泡泡图转变而来的建筑，由此看来，SANAA对于形式不确定性的理解似乎比伊东更加深刻，这种图解式的建筑与禅画中"大象无形"的观点不谋而合。

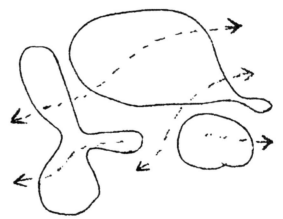

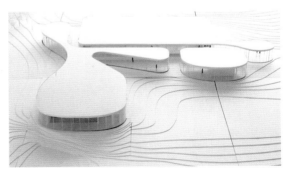

▲图36　SANAA图解式建筑——泡泡图→建筑
来源：井鲤. 如何理解妹岛和世的作品？[EB/OL].(2014-01-06)[2020-08-10].https://www.zhihu.com/question/19720881/an-swer/47580957.

2.4 SANAA建筑风格成因溯源之——西泽和妹岛

SANAA的作品中总是透露着西方至上主义与东方禅意两种不一样的特质，我们猜测妹岛与西泽各自在SANAA中扮演了不同角色，对于SANAA整体风格形成也产生了一定的影响。

西泽与妹岛两个人先后成立了3个事务所（图37），而将他们各自事务所的作品与在SANAA的共同作品进行对比（图38），可以发现许多差异。如西泽个人事务所设计的森山住宅等，总是显示出一种理性的网格逻辑，更多地受到西方几何的影响，而妹岛个人事务所设计的如大仓山集合住宅等作品，则更多地表现出一种感性的曲线知觉。当西泽与妹岛的不同个性与建筑思想在SANAA的作品中碰撞，则让SANAA的作品同时

1987年
妹岛和世建筑设计事务所

1995年
SANAA事务所

1997年
西泽立卫建筑设计事务所

西泽立卫　　　　　　　　　　　　　　妹岛和世

▲图37　西泽与妹岛关系图
来源：作者自绘。

理性-网格逻辑-库哈斯　　　　　　　　　　　　　　伊东丰雄-操纵知觉-感性

▲图38　西泽与妹岛作品中不同的特质

作品左起：
森山邸（西泽立卫）
来源：CECILIA F M, LEVENE R. Moriyama House[J]. EL Croquis, 2004（121, 122）：369.

十和田市现代美术馆（西泽立卫）
来源：十和田现代美术馆. 十和田现代美术馆[EB/OL].[2020-08-10]. https://towadaartcenter.com/.

丰岛美术馆（西泽立卫、内藤礼）
来源：韩世麟. 韩世麟的图像日志[EB/OL].（2017-01-15）[2020-08-10]. http://hanshilin.com/blog/teshima-art-museum-wallpaper/.

金泽二十一世纪美术馆（SANAA）
来源：CECILIA F M, LEVENE R. 21st Century Museum of Contemporary Art, Kanazawa[J]. EL Croquis, 2004（121, 122）：62-63.

大仓山集合住宅（妹岛和世）
来源：CECILIA F M, LEVENE R. Okurayama Apartments[J]. EL Croquis, 2011（155）：106.

表现出理性与感性的特质，这两种特质在SANAA金泽二十一世纪美术馆这个作品中达到了统一。

3 小结——西方至上主义与东方禅意在何处相逢

通过上述讨论，我们发现西方至上主义与东方禅意只是在两种不同的文化背景下诉说着默契一致的终极思想。

马列维奇将世间万物的"万象"隐藏在简单的纯色几何之中，虽几何"有形"，但所表达的思想却是一种肉眼看不到的"无形"的存在。而禅画将万事万物、所思所想都归结于几颗柿子、几株寒梅的墨色之中，人生不过沧海一粟，不必拘泥于笔墨或气韵，在极端纯粹、悠远超然的留白中体悟到宇宙万物。就两种艺术形式而言，至上主义艺术与禅画有着异曲同工之妙，东西方艺术家以各自不同的表现方式来表达自己对宇宙人生的最深刻、最本质的看法[1]。

"至上主义"与"大象无形"，这两种东西方的不同思想似不谋而合，即剥离外界繁杂事物之后对内心的思索，其本质是不同文化语境下对于超然美的本质的追求。SANAA的作品中兼有两者的影子，既有至上主义的纯粹，也有禅学的超然。

西方至上主义与东方禅意在何处相逢？也许就相逢于SANAA的作品之中。

① 孙群. 西方至上主义美学与中国禅画艺术[J]. 福建工程学院学报，2008，6（4）：381-384.

从叙事学角度解读中国佛教建筑空间氛围营造中的传统文化基因

Narrative Interpretation of Cultural Space in Chinese Buddhist Architecture

雷雨舟 张可以 / 文

摘要

本文从空间叙事学的角度入手，以河北正定隆兴寺为例，用叙事学去解读中国传统佛教建筑如何通过建筑语言塑造文化空间与氛围。

关键词

叙事学；空间氛围营造；正定隆兴寺；佛教建筑空间；文化性空间

引言

丹尼尔·李伯斯金（Daniel Libeskind）曾说过："伟大的建筑，一如伟大的文学作品，或者诗歌和音乐，都能说出灵魂深处的精彩故事。"[1] 历史上建筑学的研究总是和文学密切地联系在一起，许多建筑大师将文字中的想象空间与物质空间互相转化，如朱赛佩·特拉尼（Giuseppe Terragni）依据但丁所著的《神曲》（图1）设计出的但丁纪念堂（Danteum）（图2），约翰·海杜克（John Hejduk）结构体研究"假面舞会"[2]等。这些都表明了建筑空间与文学叙事性有着紧密的联系。建筑语言如何叙事，如何通过叙事塑造文化空间与氛围，我们带着这个问题尝试对中国传统佛教建筑进行分析解读。

① 李伯斯金. 破土：生活与建筑的冒险[M]. 吴家恒，译. 北京：清华大学出版社，2008：95.
② 海杜克的"假面舞会"：像传统的化装舞会由普通人扮演不同的社会角色一样，海杜克试图用住宅、塔楼、亭子、花园、桥梁、机器等建筑原型作为演员，将这些建筑原型被单个使用或组成剧团，来展示城市的独特个性。（作者注）

▲图1 桑德罗·波提切利（Sandro Botticelli），为但丁《神曲》所绘的地狱图

来源：遥远经典 近在眼前. 但丁《神曲》图文连载（25）：无间地狱，深深深几许——地狱结构图（地狱篇小结）[EB/OL].
(2020-05-09)[2020-12-14]. https://zhuanlan.zhihu.com/p/139226988.

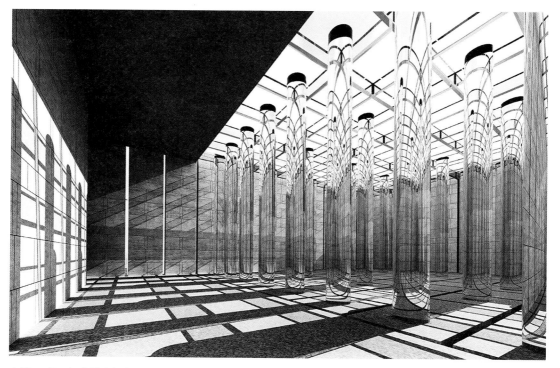

▲图2 但丁纪念堂内部空间

来源：ARCHEYES. The Danteum/Giuseppe Terragni & Pietro Lingeri[EB/OL].(2020-11-06)[2020-12-04]. https://archeyes.
com/the-danteum-giuseppe-terragni/.

1 缘起（建筑与叙事学）

叙事文学与建筑在本源上有着一致的表达方式。空间在文本中可以是诱发事件的容器。在中国经典文学作品中，空间通常作为事件发生场景的文化精神的底色，在作者的笔墨下铺陈开来。

明清时期封建社会发展到顶峰，许多现实主义小说涌现，从题材到思想内涵都十分丰富，生动写实地刻画封建文化和社会面貌。曹雪芹先生在《红楼梦》中用文字勾勒出非常具象的建筑图景，著名的场景《大观园》（图3）是一种物化的存在，然而作者并没有通过直接描述它的平面布局来展示发生的空间环境，而是通过人物在空间中行进，事件在场景中发生，从侧面去勾画这个空间。林黛玉进贾府、贾政游园、刘姥姥进大观园，这3个人物与环境互动的片段，通过人物具有个性特征的视角反映空间，给予空间多角度

多个体的解读。黛玉的眼中看到了建筑象征的权势地位，等级尊卑；贾政游园反映了他代表的文人阶层在园林上的审美情趣；刘姥姥游览了10处亭台楼阁，用第三视角去展示建筑，表现了建筑主人的性格特征。文本内容和建筑相辅相成，增强了作品的艺术表现力。

在中国古代文学中，佛寺是常见的空间背景："曲径通幽处，禅房花木深。"[①]诗词中勾勒的自然图景中，多有古寺，塑造一种宁静避世、不受俗世所扰的环境氛围。《西游记》中有许多对故事虚构的佛寺的描写，其中对宝灵寺这样描绘："迢迢楼台藏岭畔，层层宫阙隐山中。万佛阁对如来殿，朝阳楼应大雄门……弥勒殿靠大慈厅……松关竹院依依绿，方丈禅堂处处清。雅雅幽幽供乐事，川川道道喜回迎。"[②]（图4）宗教类建筑作为一种人类精神的产物，在建筑形式与空间上能反映出本土文化和当时人们的精神状态。中国古代文人

▲图3　《大观园》纵137cm、横362cm。由国家博物馆文创设计团队展出，国家博物馆供图。全图以蘅芜苑、凸碧山庄、蓼风轩、凹晶馆、牡丹亭五处不同形式的建筑为中心，穿插以红楼梦中几段脍炙人口的故事，细致地描绘出清代贵族家庭的豪华气势和闲雅生活
来源：胡子轩.""煌煌巨制，双立千古——《红楼梦》文化展"在国博开幕 [EB/OL].(2019-12-20)[2020-08-15].http://www.cssn.cn/ysx/ysx_ysqs/201912/t20191220_5063085.shtml.

① 出自《题破山寺后禅院》【唐】常建，蒋塘退士.
② 出自《西游记》第三十六回 心猿正处诸缘伏 劈破旁门见月明. 吴承恩. 西游记（世德堂本）[M]. 北京：人民文学出版社，2002：261-267.

▲图4　86版《西游记》第13集 宝林寺场景 视频截图
来源：铁剑帮帮主. 为何《西游记》中宝林寺僧互争斗？[EB/OL]. (2019-08-04)[2020-08-15].https://www.sohu.com/a/331458581_120228149.

墨客的笔下，佛寺建筑地处偏僻，环境清幽贴近自然，同时伴随着一些具有文人风骨的自然景物的描绘，如苍松、翠竹等，时常用来寄托作者高雅的情趣和隐逸避世的态度。诵经的僧侣、来回穿行的游客信徒，为不食人间烟火的寺庙生活增添了世俗的热闹。钟鼓、香炉、幢、幡，钟声悠扬入耳，炉鼎烟气氤氲，殿堂中佛像端坐、鲜花香炉供于案前，亲切感与静谧感油然而生。

要想深入解读中国佛教建筑空间中蕴含的中国传统文化基因，必须发掘空间与文化潜在的联系和表达逻辑。美国密歇根大学索菲亚·莎拉（Sophia Sarra）研究并且发表了《建筑和叙事——空间及其文化意义的建构》[1]，正是试图用文学中空间叙事理论来剖析"空间和文化意义如何建构在建筑中，又是如何传达给观察者"这个问题。这种语言学、文学和符号学与建筑学交叉的理论视角，为我们所研究的佛教建筑空间氛围与中国传统文化基因之间的内在联系提供了一种新的解读方式。

我们选择河北正定隆兴寺，尝试从叙事性角度来表达空间体验，去分析隆兴寺的空间氛围营造，其中以叙事结构为着手点，搭建起基础的描述框架，再从空间序列出发，用文学中的表达手法展现营造空间场所精神的关键，对探究空间氛围营造起到辅助作用。

2　隆兴寺空间叙事分析

2.1　建筑语言与文化传统

叙事文学与建筑在本源上有着一致的表达方式。空间建筑与文学之间存在着种种内在联系。文本通过语言的描述去还原事件，建筑通过建筑语言如材料、色彩、肌理、虚实、路径、形体、空间组合等要素去塑造空间知觉，是一种图式化语言。人对所处建筑空间的文化氛围的知觉不是因为偶然性，也不仅仅是观察者个体的感受，而是通过象征性的符号和空间与文化的建构产生的具有普遍性的空间氛围。张永和先生认为，"发生在人造环境中的那些具体而生动的生活事件是进行创作的依据和出发点。"[2]新建筑的叙事者，通过自身对生活事件的理解和设想，进行物质空间的排列组合、路径的组织、空间的序列的构建，在空间中安排物品与场景的设计，观察者

① 《建筑和叙事——空间及其文化意义的建构》：PSARRA S. Architecture and Narrative——The Formation of Space and Cultural Meaning[M]. New York: Routledge, 2009.
② 出自黄士钧翻译并整理张永和先生的4份英文稿件：张永和, 黄士钧. 太平洋彼岸的来信[J]. 新建筑, 1988 (3)：75-79.

通过这些经过塑造和精心设计去领会叙事者所表达的主题与意图。

在中国传统文化中，儒学、佛教、道教是其重要的组成基因，三者虽不同（儒学和道教是中国本土思想，而佛教作为一种舶来品，发源于印度，汉朝时传入中国），三方最终以儒家文化为主导，在历史长河中经历融合，到宋代达到了文化繁荣的顶峰。此后儒学中发展出来的理学以三者融合的全新面貌继续统治着中国古代思想文化。而佛教本身在内化入理学思想后，同道教一样日渐衰微，依附于儒家文化，但是依然在传统宗教中占据主流地位，融入中国传统文化的方方面面。

2.2　叙事结构

正定地形平坦，不见山脉。在总体布局中，隆兴寺的建设很少受地形限制，从信徒的视角观察隆兴寺，可以忽略框定寺庙界限的围墙和后期延伸出的杂乱的生活院落，将之大体视为一个南北狭长内有中轴的寺庙，这也是当时佛教寺院的习惯性布局特征。选择其中"天王殿""摩尼殿""大悲阁"三点连出主轴线，加上其余建筑形成的空间序列，最终构成主体叙事结构（图5）。

信徒大体按照轴线序列行走其间，从天王殿一直到达后殿位置一共涉及了九进院落，总长度达到 1000 多米[1]。经过各个大殿采用不同的仪式进行朝拜，三跪九叩的礼仪会加重寺庙的庄严氛围，足以让人感到战栗敬畏。人体尺度与宏大的建筑尺度的差异，使得行走其间的信众越是走向深处越是能体味到佛的高深威严以及与尘世的距离感，虔诚的苦行僧行为使信徒充分体验到从人

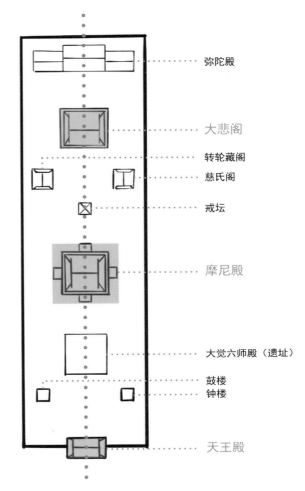

弥陀殿
大悲阁
转轮藏阁
慈氏阁
戒坛
摩尼殿
大觉六师殿（遗址）
鼓楼
钟楼
天王殿

▲图5　隆兴寺重点建筑及轴线示意图
来源：作者自绘。

间进入"神佛之界"的空间氛围的变化。

2.3　铺垫

隆兴寺规模宏大，结构严谨，层次清晰，轴线关系明了，主要建筑物布置在中轴线上，形成层层院落，自南向北包括天王殿、大觉六师殿、摩尼殿、牌楼、戒坛、韦驮殿、慈氏阁—转轮藏阁、康熙碑亭—乾隆碑亭、大悲阁、弥陀殿、净

① 贾轲. 正定县城寺庙建筑研究初探[D]. 西安：西安建筑科技大学，2015.
② "慈氏阁—转轮藏阁"：慈氏阁与转轮藏阁并列设置；"康熙碑亭—乾隆碑亭"：康熙碑亭与乾隆碑亭并列设置。（作者注）

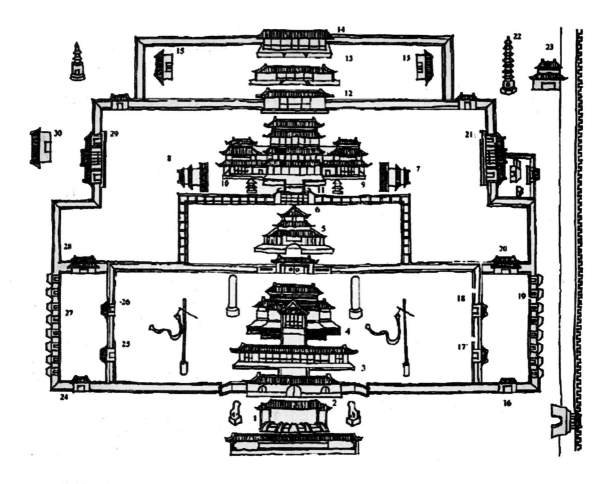

▲图6　乾隆年间隆兴寺寺院图

1—牌坊；2—山门；3—六师殿；4—摩尼殿；5—戒坛；6—韦驮殿；7—慈氏阁；8—转轮藏阁；9—御书楼；10—集庆阁；11—大悲阁；12—弥陀殿；13—净业殿；14—药师殿；15—僧舍；16—东山门；17—雨花门；18—方便门；19—东廊僧舍；20—钟楼；21—伽蓝殿；22—梦堂和尚塔；23—井亭；24—西山门；25—鹿苑门；26—般若门；27—西廊僧舍；28—鼓楼；29—祖师殿；30—行宫东门

来源：郭黛姮. 中国古代建筑史：第三卷宋、辽、金、西夏建筑 [M]. 2版. 北京：中国建筑工业出版社，2009.10：369.

业殿、药师殿[②]（图6）。

　　信徒来到隆兴寺并不能直接看到、进入佛殿，因为琉璃照壁（图7）在整个序列中位于最南端，气流在此绕道而行，院内聚气不散，给信徒增加了安稳感。影壁的牙脚宽度大，稳重大气，色彩鲜明，雕花、图案繁杂，皇家寺庙的气势从细致的刻画中微微显露，却不会过分宏大，在一定程度上控制了信徒的心理期许，越过影壁，跨过三路单孔玉桥，信徒心情得到平稳放松，经历了看

到宏大殿宇之前的铺垫过程。

　　信徒望向天王殿，映入眼帘的是一座充当山门的单檐歇山顶台梁式建筑，进入其中看到的是供奉护卫一般形象的四大天王，期望他们能像守卫须弥山一样在最前端护卫着佛寺。天王殿（图8）的矗立使得寺庙从刚进入就具备了古劲威严的氛围，将信徒置于一个相对熟悉的空间体系中。建筑体量相较照壁玉桥在规模上有所放大，为后继空间的扩大做好准备与铺垫，是作为一个承上启下的过渡而存在。

▲图7　琉璃照壁
来源：自由蓝色狗狗. 隆兴寺（正定）照壁、山门、六师殿[EB/OL].
(2019-01-31)[2020-08-15]. http://blog.sina.com.cn/s/
blog_49252b900102yo69.html.

▲图8　石桥与天王殿
来源：一起去远方看世界. 中国香火最旺盛的十大古寺，有时间一
定要去拜拜[EB/OL]. (2019-03-05)[2020-08-15]. https://www.
sohu.com/a/299145238_100097611.

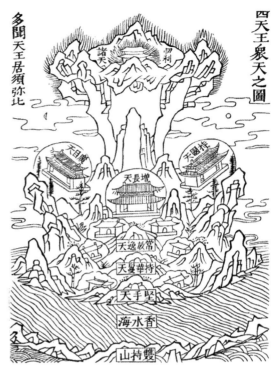

▲图9　须弥山想象图
来源：陈引波. 世尊略讲天界（大佛顶如来密因修证了义诸菩萨万
行首楞严经卷第八. 第九）[EB/OL].(2010-11-03)[2020-08-15].
http://blog.sina.com.cn/s/blog_6ad2696a0100mfqw.html.

2.4　发展

当信徒从四大天王的威压中走出，穿越甬道，本该看到巍峨挺立的第二重殿大觉六师殿，但现今仅存台基供人瞻仰凭吊，留下满腔虔诚。

信徒踏上摩尼殿前的砖石，之前的威严静默之心开始向柔和沉静、充满希望转变发展，在严肃环境之中产生的压抑逐渐消散，心中产生了一些希望和期许。信徒抬头仰视摩尼殿，最先看到的就是佛教世界中须弥山的形象（图9），中间一座大山，四周环绕四座小山，五山并举。大屋

顶加上四出抱厦的形式勾勒出与须弥山相似的格局，把信徒开始从凡间带入神佛的居所。

信徒第一眼看去，摩尼殿立面变化起伏大多在屋顶：微翘的屋檐，坡度缓和的屋顶，弧度自然、柔和壮丽的屋脊，让人感受到温柔宁静的氛围（图10）。定晴一看，鸡、马、狗、麒麟等瑞兽和楼顶佛在最高处辟邪镇寺，整个建筑充满生气，信徒内心注入一丝活力与希望。"飞动之美"[①]在摩尼殿体现得淋漓尽致，本该在信徒心中庄严的建筑却有柔和飞动的屋檐，营造出的是兼具着生命律动和静谧柔和氛围的空间。"不求金碧辉煌，只愿与自然的静谧、佛心的宁静相契合，去

---

① 宗白华先生《美学散步》中曾提出一词——"飞动之美"，意在说明庄严的建筑有飞檐的舞姿，充满着生命活力和节奏的空间。宗白华. 美学散步[M]. 上海：上海人民出版社，2005.
② 黎丽. 浅谈正定隆兴寺之寺庙园林审美意境[J]. 才智，2015（33）：223.

▲图10 摩尼殿正面

来源：河北日报.美丽河北 十大最美景区官方推荐[EB/OL].(2016-08-31)[2020-08-15].http://travel.qianlong.com/2016/0831/884321.shtml.

浊存真而独立于世。"②

　　信徒怀着宁静的心态进入大殿，与外观的壮丽柔美不同，殿内幽暗神秘，无窗且内外槽间高墙壁立，只有四面抱厦入口和檐下斗拱间隙透进丝丝光线。看向台上三座大佛，高踞深处，烘托出神佛远离尘世的森严、神秘的氛围，信徒内心的敬畏被勾起，开始以顺时针方向对佛陀进行旋绕礼拜。因为佛殿内设置金厢斗底槽加副阶周匝，内外金柱两围，所以为了便于叩拜，诸佛造像的正面和两侧是开敞的，正中佛坛东西北三面都有到顶的砖墙而南侧敞开，佛像四周留出一圈过道供信徒行走，形成了佛殿内部的空间布局。信徒参拜的是圣域空间，首先进入礼拜空间并进行叩拜仪式，接着按照顺时针方向进行侧壁、后壁佛像壁画塑像的观瞻（图11）。

　　"叩拜"在中国自古以来就是个通用的礼拜方式，不管是庙堂之上，还是在民间，叩拜都是最高的礼节。信徒面对佛像表达自己的敬畏之心，叩拜就是最基本的仪式。"致敬方式，其仪九等：

一发言慰问，二俯首示敬，三举手高揖，四合掌手拱，五屈膝，六长跪，七手膝踞地，八五轮俱屈，九五体投地。凡斯九等，极唯一拜。……跪而赞德，谓之尽敬。远则稽颡拜手，近则舐足摩踵。"①

　　信徒首先从南面抱厦入口处瞻仰佛像，能够从一个基本视角观察整个大殿全貌；接着进入殿中站在檐柱处观瞻，观赏距离约有两个佛像高度，是瞻仰佛像全貌的最佳视角；再向里行进，到达佛坛脚下区域进行叩拜，此时能感受到佛像带来的最大的冲击与压迫。在绕行与叩拜过程中，信徒感受到的整体空间和佛域空间的尺度关系舒适，形成的视觉效果震撼整肃，营造出的宗教氛围整齐，庄严肃穆。佛教当中有"佛眼视众生"②的说法，来此礼拜的信徒经历了由远及近的观瞻过程，感受到了佛像愈见强烈的俯瞰芸芸众生的高大

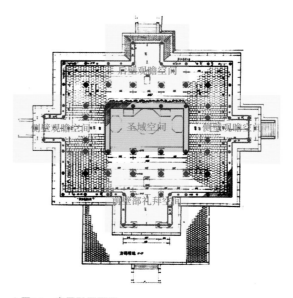

▲图11 摩尼殿平面图

来源：改绘自—剧冬甲.正定隆兴寺建筑及装饰特色[D].石家庄：河北科技大学，2015：28.

---

① 《大唐西域记·卷二·三国·敬仪》中佛教对"叩拜"做的具体规范；"叩拜"在中国自古以来就是通用的礼拜方式，不管是庙堂之上还是在民间，叩拜都是最高的礼节。（作者注）玄奘，辩机.大唐西域记[M].北京：中华书局，1985：205.
② 陈饶.以河北正定隆兴寺为例谈佛堂建筑设计特点[J].山西建筑，2011，37（30）：9-10.

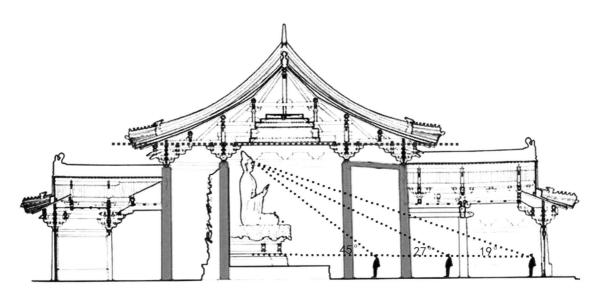

▲图12　摩尼殿视线分析
来源：改绘自—有方空间.讲座视频 | 温静：殿堂——解读佛光寺大殿的斗栱设计[EB/OL].(2017-07-14)[2020-08-15].https://
mp.weixin.qq.com/s?__biz=MjM5OTAxNjY4MQ==&mid=2649845334&idx=1&sn=0a420774db4301a8d6c4203b0d722d98&chksm=b
ec42fd089b3a6c664944499eef742565df4147befc5a0a26d84ca36689bdb8ac412b25f1ae6#rd.

感、距离感，能够激发恭敬、敬畏之心（图12）。

　　信徒在摩尼殿中瞻仰绕行时，往往在东檐内壁北段壁画（图13）驻足。摩尼殿壁画根据所处位置的不同产生了形式多样的变化。图像内容以及位置分布的不同，对信徒在适当的空间中的视觉变化和感受影响很大，能够帮助人们在加深对佛法理解的同时获得一定的审美情趣。在神佛出没的环境描画上，充满山青幽静之气；山脊沟壑纵横，层峦叠嶂，幽深险峻却又云雾缭绕；山脚处添加石块点缀，作为过渡，模糊世外与世俗的界线，使自然环境与建筑融为一体。[①]山体与建筑的场景转换用缭绕的气进行过渡，恍若神佛居住其间，增加虚幻感，塑造超脱世俗的氛围。信徒随着场景的转换移动步伐，逐步进入"神佛居所"，感受世外之地的出尘静谧。

　　当信徒绕行至摩尼殿扇面墙后时，最终会看到观音端坐在千岩万壑之中，表情平静，姿态淡

▲图13　摩尼殿东檐内壁北端壁画
来源：苏瓦林.苏瓦林的相册-隆兴寺.河北正定[EB/OL].(2015-11-16)[2020-08-15].https://www.douban.com/photos/photo/2284739481/large.

① 李蒙.从造型艺术的角度探讨古建筑——以宋朝正定隆兴寺摩尼殿壁画为例[J].住宅与房地产,2016（33）：287+296.

▲图14 观音悬塑

来源：去哪儿旅游行. 2020隆兴寺—旅游攻略（来自携程倚栏听风乡的评论）[EB/OL].(2016-10-27)[2020-08-15].https://travel.qunar.com/p-oi716488-longxingsi.

▲图15 戒坛

来源：傲雪寒梅. 正定隆兴寺戒坛一角[EB/OL].(2015-10-15)[2020-08-15].http://dz.cppfoto.com/activity/showG.aspx?works=1018816&page=1.

然。观音悬塑（图14）正好对着大殿的后门位置，并且由后门投射进来的光线，能够直接照射在塑像上，并经过身后山岩的辅助反射，光线得以从塑像向四周慢慢扩散，这样在一片混沌当中出现的光线，仿佛是观音本身散发出来的，无形之中增加了神秘的感觉，使得信徒在参拜时更为虔诚恭谨，为这恍若神迹的一幕所折服。[①]

2.5 高潮

走出摩尼殿，环境由幽深神秘变得豁然开朗，信徒的右绕行为在到达戒坛时达到顶峰。戒坛（图15）是旧时的舍利塔，僧人信众受戒时法师在此讲解佛经和举行宗教仪式。信徒绕着四角攒尖的佛塔进行右绕，佛堂供奉的双面铜佛高大伟岸，为信徒在仪式中塑造一种慈悲宁静普度众生的情绪。

经历了仪式的沉淀，信徒的内心达到了最为平静虔诚的状态，继续向寺院深处行进，在戒坛处能窥见一角却不能得知全貌的大悲阁终于显现

▲图16 大悲阁

来源：北京日报客户端. 奔赴北海公园和河北正定，只为明白阐福寺哪些地方借鉴了隆兴寺[EB/OL].(2019-11-11)[2020-08-15].http://baijiahao.baidu.com/s?id=1649910820551190782&wfr=spider&for=pc.

（图16）。大悲阁与前者迥异的建筑形式，更为宏大的建筑体量，与"尚在人间"的天王殿和"神佛居所"摩尼殿产生强烈对比，使信徒分不清现实与虚幻的情境，人们欢欣雀跃，迎来了空间叙事的最高潮。

五檐的大悲阁矗立在整个寺庙的重心，已经取代了佛塔的地位，是稳定隆兴寺的"定海神针"。信徒来此瞻仰其中的铜铸千手观音像（图17），

---

① 剧冬甲. 正定隆兴寺建筑及装饰特色[D]. 石家庄：河北科技大学，2015：46-47.

▲图17　千手观音像

来源：飒飒. 正定荣国府、隆兴寺一日游[EB/OL].(2016-10-27)
[2020-08-15].http://www.aitto.net/raiders/show_247.html.

▲图18　鬼子母天壁画

来源：苏瓦林. 苏瓦林的相册-隆兴寺. 河北正定[EB/OL].(2015-
11-16)[2020-08-15].https://www.douban.com/photos/
photo/2284728825/.

塑像秀丽慈悲，头上戴着五佛花冠，42只手呈
现出不同的姿态，握有不同物件，代表不同的意
义，向信徒表达出救苦救难、普度众生的千年菩
萨佛家形象。[①]信众虔诚叩拜，内心诉说自己的
苦难，希望菩萨指点迷津。人们久久不曾起身，
因为空间大小与光线明暗多次交替对比，他们深
信自己身处神佛之境。

2.6　修辞手法

2.6.1　呼应

呼应的手法主要运用于空间序列的发展过程
中，摩尼殿的壁画内容丰富，描绘各种不同的景象，
4个抱厦中描绘了24尊天的形象（图18），与前
面的天王殿相呼应；而东扇面墙外壁上绘制的观
音壁画（图19）则与殿中的观音悬塑呼应，并为
大悲阁出现的观音塑像埋下伏笔。信徒们经过摩
尼殿时，由于其他描绘神迹的壁画众多，很难会
留下特别的印象，但在建筑中找到呼应点的时候，
往往会使人更感叹于隆兴寺各个细部都透露出的
令人震撼的氛围。

▲图19　西方三圣壁画

来源：不周艺术空间.【公益微课堂】"斗酒将醉君，悲风白
杨树"中的冀南历史[EB/OL].(2018-11-30)[2020-08-15].
https://www.sohu.com/a/278864754_280151.

---

① 刷冬甲. 正定隆兴寺建筑及装饰特色[D]. 石家庄：河北科技大学，2015：20.

2.6.2 对比

隆兴寺在设计中反复使用了对比的手法,从建筑整体到细部都有所表现。建筑空间大小的对比包括戒坛的小尺度与大悲阁的大尺度形成了对比(图20),反差出了大悲阁的高大威严;细部对比包括在塑壁的雕琢中,观音坐于山石之中,圆润线条和硬朗直线形成强烈的对比反差,整体塑造的佛家大千世界包容万物、雄伟壮阔的氛围,与观音的恬静淡然产生了对比。

2.6.3 衬托

大悲阁东西分别有御书楼和集庆阁作为东西耳阁,尊卑关系明确,如同两侧的"仆人",两者在尺度上都相较大悲阁缩小了,从体量和形制上衬托出大悲阁"主人"的身份地位(图21)。

3 小结

文字的魅力在于能给人一种想象空间,和文字不同的是建筑空间已经作为物质存在,其魅力来自实体整体氛围给人的情感体验。叙事性解读使得在分析实体空间时有语言逻辑可循。从叙事学角度来看,中国传统建筑的布局、设计手法和传统美学塑造着这种文化性空间。例如,文中提到的隆兴寺,其平面布局基本中国化,佛教建筑受儒道结合的阴阳宇宙观和崇尚对称、秩序、稳定的审美心理影响,注重均衡对称。[①]隆兴寺以南北纵轴为主,横轴线为辅,通过暗示、烘托、对比等手法,使建筑间含有微妙的虚实关系,每一座建筑、每一面壁画、每一个符号在文本组织过程中有机联系在一起,这种文本叙事的手法被大量运用在建筑营造之中,体现了中国传统的"含

▲图20 戒坛与大悲阁尺度对比
来源:改绘自—带你玩遍安徽.全国最值得去的20个古镇,满足你所有的古镇情节![EB/OL].(2017-10-20)[2020-08-15].https://ishare.ifeng.com/c/s/7gQDPd1oNKY.

▲图21 从左至右分别为集庆阁、大悲阁、御书楼
来源:卉锦看天下.河北正定隆兴寺大悲阁和承德普乐寺旭光阁的介绍[EB/OL].(2018-12-30)[2020-08-15].https://baijiahao.baidu.com/s?id=1620635053995532450&wfr=spider&for=pc.

蓄""犹抱琵琶半遮面"的美学特征。

另外,符号的运用对于空间的塑造有重要作用。同样在隆兴寺中,特殊符号既是装饰性元素,又是中国古代传统文化符号的象征,这些符号的设计与运用,让空间不再是单调个别的存在,而是与人的感受相融合,对人来说,呈现出一种顺从、引导的作用,其目的是强化主观氛围,强调空间性格,达到一种精神性氛围塑造作用。

以隆兴寺为代表的中国佛教建筑空间特性,在很大程度上来自于植根在中华民族血液之中的

---

① 河娃和.论儒、佛、道的融合及对宋代美学的影响[J].理论学刊,1998(4):94-98.

文化基因。宗教也被纳入了中国传统等级制度，因此佛教建筑空间氛围的塑造往往设置遵循礼制的空间序列。同时对佛堂空间的布局、尺度、光线、人的视线等要素进行特殊设计也暗合社会审美、风水理论等，一些代代相传的文化基因，创造出古朴神秘的视觉效果、幽静肃穆的空间氛围，引发信徒的虔诚与敬畏。

当代的高速发展使得建筑更是被寄托了承载文化含义与情感体验的厚望，现代建筑师或许可以通过学习传统建筑、运用现代手法，对建筑各要素进行原型提取及抽象设计，利用空间去传达，去"讲述些什么"，去实现情感与表达、空间与精神的统一。

后记

这本作业集最终能集结成册，是无意之中的有意。说它无意，是因为在教学初始，并未预先设定好一个目标：将来要出一本作业集。每一届的作业题目设定既有延续，也有变更之处，根据实际问题不断调整，最终目标是希望通过作业设置，帮助学生进行在本科阶段较少开展但在其一生的职业生涯中又必然会用到的逻辑思维、阅读和学术写作训练。但学生能把作业做到什么程度，客观来说，并不完全可控，我因此并未把作业集结成册作为教学目标之一。说它有意，是因为，几届学生的作业呈递上来之后，达到了一定水准，至少对本科生而言，在立意、思考以及拓展阅读和独立写作表达上，给予了我一份惊喜，感觉可以出一点东西了。恰好系里有机会支持教师总结教学成果，于是，手里这些学生们的作业有机会出版，既能给予学生们自己的学习生涯一份总结，也能有助于教师从更为宏观的角度对教学进行反思，同时在横向上与其他教学单位的师生交流，取长补短，是一件好事。

于是，2020年这个特别年份中的酷暑，被选中出版的学生们需要进行卷面整理工作，以满足出版要求。他们中大部分已经毕业，进入工作岗位或其他更高一级的学习层级深造，距离最近的一届学生也已进入毕业班，工作、实习、考研以及各种事务把他们的暑期基本占满，加上入选作业份数较多，很担心拖拖拉拉这事就无法做成。但学生们极其认真地投入到了这份工作之中，在此感谢：13级何荷、陈钰凡；14级庄家瑶、姜尧、潘安琪、吴娱、吴正浩、金逸超、程嘉敬、步梦云；15级丁褚桦、周从越、夏小燕、邵嘉妍、厉佳倪、杨淑钏、林昊、沈逸青、朱晨涛；16级张汉枫、王洲、王琪泓、李响元、傅铮、章雪璐、张可以、雷雨舟等同学，尤其是16级的傅铮、章雪璐同学，还承担了提供排版模板等统筹性工作。正是他们的共同努力，才使这份作业集能在短时间内高质量地整理完成。

感谢诸葛净、赵榕、虞刚、顾凯、杨慧等各位老师在本课程教学过程中给予的支持。感谢浙江工业大学教学建设的支持，这种日常的、持续的投入，才能使教育工作得到足够的时间积累、滋养和成长。特别感谢清华大学出版社负责此项工作的同志，他们认真细致以及耐心的工作，才能使出版最终顺利完成。

王昕

2020年夏，于杭州